Eslam Elshreif

Estacionamento inteligente

Eslam Elshreif

Estacionamento inteligente

ScienciaScripts

SMART
PARKING
P

Índice

CAPÍTULO 1

Viabilidade do estacionamento inteligente :

1.1 Estudo de viabilidade

A Grande Área Metropolitana do Cairo (GCMA), com mais de 19 milhões de habitantes do Egipto.

A RMGC é também um importante contribuinte para a economia egípcia em termos de PIB e de

emprego. Prevê-se que a população da RMGC continue a aumentar para 24 milhões até 2027 e,

consequentemente, a sua importância para a economia também aumentará.

Congestionamento de tráfego, como mostra a figura

(1.(1) é um problema sério no GCMA .

(1.(2) com efeitos importantes e adversos em ambos .

Figura 1.1 Congestionamento de tráfego no Cairo

a qualidade de vida e a economia. Para além do tempo que se perde parado no trânsito, tempo esse

que poderia ser utilizado para fins mais produtivos, o congestionamento resulta num consumo

desnecessário de combustível, provoca um desgaste adicional dos veículos, aumenta as emissões

nocivas, baixando a qualidade do ar, aumenta os custos de transporte para as empresas e torna a

RMGC um local pouco atrativo para as empresas e a indústria.

Reconhecendo a gravidade do problema do congestionamento do tráfego, e a pedido do Governo, o

Banco Mundial financiou uma investigação sobre a sua magnitude, causas e potenciais soluções na

RMGC. O objetivo do estudo era realizar uma investigação a nível macro do congestionamento na RMGC: a sua magnitude, causas, custos económicos associados e potenciais soluções. Este relatório documenta os resultados do estudo. Os resultados deste estudo devem ser de interesse para os decisores políticos e profissionais da RMGC, para o governo egípcio, para outras cidades que enfrentam problemas semelhantes e para as instituições financeiras internacionais.

1.2 História :

O conceito de sistema de estacionamento automático foi e é impulsionado por dois factores: a necessidade de lugares de estacionamento e a escassez de terrenos disponíveis. A primeira utilização de um APS foi em Paris, França, em 1905, na Garage Rue de Pontius. O APS consistia numa estrutura inovadora de betão de vários andares com um elevador interno para transportar carros para os níveis superiores, onde os funcionários estacionavam os carros.

Na década de 1920, tornou-se popular um sistema APS semelhante a uma roda gigante (para carros e não para pessoas), designado por sistema paternoster, uma vez que permitia estacionar oito carros no espaço de solo normalmente utilizado para estacionar dois carros. Mecanicamente simples e com uma pequena área de implantação, o paternoster era fácil de utilizar em muitos sítios, incluindo no interior de edifícios. Ao mesmo tempo, a Kent Automatic Garages estava a instalar APS com capacidades superiores a 1.000 carros.

O primeiro parque de estacionamento sem condutor foi inaugurado em 1951 em Washington, D.C., mas foi substituído por um espaço de escritórios devido ao aumento do valor dos terrenos.

A APS registou um surto de interesse nos EUA no final da década de 1940 e na década de 1950 com os sistemas Bowser, Pigeon Hole e Rotary Park. Em 1957, foram instalados 74 sistemas Bowser, Pigeon Hole, e alguns destes sistemas continuam em funcionamento. No entanto, o interesse pela APS nos EUA diminuiu devido aos frequentes problemas mecânicos e aos longos tempos de espera para os utentes recuperarem os seus carros.

O interesse pela APS nos EUA foi renovado nos anos 90, e existem 25 grandes projectos APS actuais e planeados (representando quase 6.000 lugares de estacionamento) em 2012. O primeiro

parque de estacionamento robotizado americano foi inaugurado em 2002 em Hoboken, Nova

Jersey.

Enquanto o interesse pela APS nos EUA definhou até à década de 1990, a Europa, a Ásia e a

A América Central estava a instalar APS tecnicamente mais avançadas desde os anos 1970. No

início dos anos 90, cerca de 40.000 lugares de estacionamento estavam a ser construídos

anualmente utilizando o APS paternoster no Japão. Em 2012, estima-se que existam 1,6 milhões de

lugares de estacionamento APS no Japão.

A crescente escassez de solo urbano disponível (urbanização) e o aumento do número de carros em

uso (motorização) combinaram-se com a sustentabilidade e outras questões de qualidade de vida

para renovar o interesse nas APS como alternativas às garagens de vários andares, ao

estacionamento na rua e aos parques de estacionamento.

1.3 tipos de sistemas de estacionamento automático :

1.3.1 Sistema de estacionamento automático Puzzle

Figura 1.2 Sistema de estacionamento automatizado tipo puzzle

Num sistema de puzzle horizontal, uma grelha é suportada por um conjunto de rolos e correias que

são accionados por motores instalados nas estruturas de suporte por baixo de cada palete. Os rolos e

as correias manobram as paletes até que a palete com o veículo pretendido seja manobrada para o

local desejado, por exemplo, módulo de estacionamento, elevador, etc. As estruturas de suporte das

paletes estão instaladas em todas as posições de estacionamento possíveis e, normalmente, há menos duas paletes do que estruturas de suporte por piso, o que proporciona os espaços livres

necessários para manobrar as paletes.

1.3.2 Sistema de estacionamento automatizado Shuttle :

Os sistemas de vaivém utilizam vaivéns e elevadores autónomos para estacionar e recuperar

veículos. O número de vaivéns no sistema é tipicamente flexível e baseia-se no rendimento e nos

requisitos orçamentais do cliente. Os vaivéns deslocam-se horizontalmente numa via de vaivém,

que pode ser uma reentrância num piso sólido ou um conjunto de carris numa estrutura de aço ou

betão, para um *local designado, como mostra a figura (1.3)*.

Figura 1.3 Sistema de estacionamento automatizado de vaivém

Quando são utilizados elevadores de fim de corredor (EAL), o vaivém desloca-se com o veículo

para um elevador de vaivém situado em qualquer extremidade do corredor. O elevador de vaivém

desloca-se para o nível designado, após o que o vaivém com o veículo sai do elevador de vaivém

para um local designado. Nesta opção, os vaivéns são livres de ir e vir de qualquer nível do sistema,

permitindo menos vaivéns do que os níveis de estacionamento e maior redundância.

1.3.3 Estacionamento Optima :

Figura 1.4 Estacionamento Optima

Este Sistema de Estacionamento Mecânico Automatizado pode ter uma capacidade entre 10 e 46

lugares de estacionamento para automóveis/SUV por sistema, dependendo do espaço disponível.

Assim que o condutor sai da zona de segurança incorporada no parque de estacionamento, o sistema

inicia automaticamente o procedimento de estacionamento do veículo. O elevador leva o veículo

para o nível designado e o veículo é deslocado lateralmente para a área de estacionamento,

deixando o elevador livre para aceitar outro carro para estacionar, como mostra a figura (1.4). O

princípio de funcionamento é um conceito de multi-circulação e utiliza dois elevadores para

otimizar o seu desempenho.

O sistema Optima é até 8 vezes mais eficiente na utilização do espaço do que o estacionamento

convencional. Pode ser incorporada no elevador uma mesa giratória que gira os carros 180 graus

para garantir que todos os carros ficam estacionados na direção da saída. O funcionamento do

sistema é controlado por um computador e o seu estado é monitorizado continuamente. A utilização

de um código PIN ou de um bilhete de estacionamento identifica a posição do veículo no sistema,

permitindo a sua recuperação a pedido.

1.3.4 Sistema de estacionamento automático de gruas :

Figura 1.5 Sistema de estacionamento automatizado para gruas

Um sistema automatizado de grua (ASRS) utiliza um único mecanismo para efetuar

simultaneamente os movimentos horizontais e verticais do veículo a estacionar ou a recuperar no

sistema de estacionamento. Os movimentos horizontais e verticais simultâneos permitem que a

plataforma do veículo se desloque de e para um lugar de estacionamento para outro muito

rapidamente.

O mecanismo da grua move-se horizontalmente sobre carris, normalmente localizados no chão e no

teto do sistema de estacionamento, e tem uma plataforma elevatória vertical onde são colocados os

veículos a estacionar e a retirar. Isto significa que é necessária uma abertura do chão ao teto no

centro do sistema para que a(s) grua(s) possa(m) funcionar.

1.3.5 Sistema de estacionamento rotativo vertical :

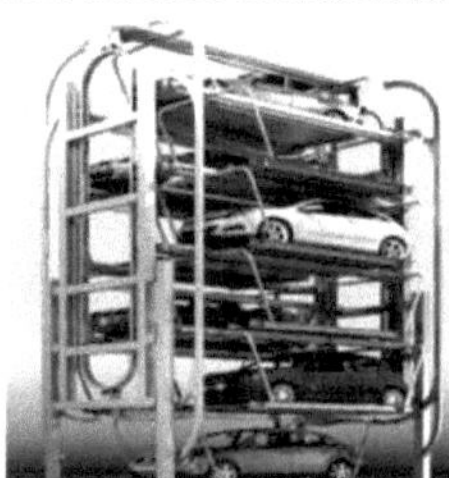
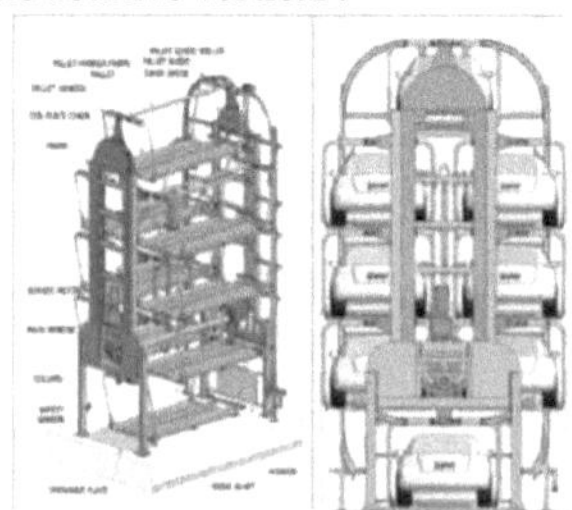

Figura 1.6 Estacionamento rotativo vertical

No sistema de estacionamento rotativo vertical, as calhas de guia da corrente, cada uma formando uma via sem fim verticalmente longa, são formadas numa estrutura.

Uma corrente de suspensão para puxar cabides com paletes em que os veículos são carregados é combinada entre as calhas de guia da corrente de modo a ser rodada.

Um motor de acionamento é fixado à estrutura. Um corpo rotativo anular tem uma circunferência interna na qual está formada uma engrenagem inscrita e inclui pelo menos dois blocos de tração (1.6). As placas de suporte dos cabides para puxar os cabides são fixadas à corrente de suspensão e cada uma é constituída por um par de cães, entre os quais o bloco de tração entra para que a corrente de suspensão seja puxada. No sistema de estacionamento rotativo vertical, a corrente de suspensão circula enquanto uma placa de suporte do cabide está a ser puxada pelo bloco de tração.

1.4 Vantagens do estacionamento rotativo inteligente :

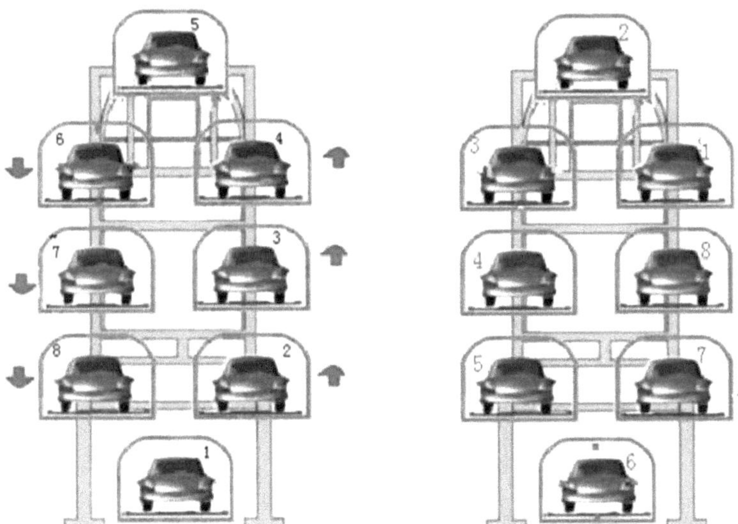

Figura 1.7 Vantagens do estacionamento rotativo inteligente

- **Pegada pequena**

O SMART PARKING requer um espaço reduzido de apenas 2 parques de estacionamento

- **Expansível até 8 vezes a capacidade de estacionamento**

Máx. 16 carros só podem ser estacionados num espaço para 2 carros

- **Fácil de utilizar**

Pressionando o ecrã tátil ou contactando um cartão RFID

- **Dispositivos de segurança**

Quatro sensores fotográficos à frente, atrás e em ambos os lados.

Lâmpada de aviso, travão de ultrapassagem e dispositivo anti-queda com mecanismo de guia dupla

- **Várias configurações**

O Smart Parking está disponível em várias configurações e tamanhos para acomodar de 4 a 16 carros.

- **Resistência**

Mais de 15 anos de vida útil e operacional a temperaturas que variam entre -40 C° e +45 C°

- **Baixo ruído e muito baixa vibração**

Baixo nível de ruído (65 ~ 75 dB). O SMART PARKING funciona de forma mais silenciosa e suave do que qualquer outro tipo de equipamento de estacionamento

- **Baixo custo de funcionamento**

Devido ao seu design simples e ao movimento de rotação, o SMART PARKING raramente causa problemas e o processo de manutenção periódica é muito simples. Além disso, o consumo de energia é baixo.

- **Instalação rápida como tipo de embalagem**

Normalmente, a instalação do SMART PARKING fica concluída em apenas 3 dias.

- **Não é necessário um poço subterrâneo para a instalação.**

- **Não é necessário um operador de assistência.**

Painel de operação intuitivo, não é necessário um assistente, como mostra a figura (1.7)

- **Relocalização do SMART PARKING**

Devido ao seu sistema de embalagem, o SMART PARKING pode ser reinstalado num novo local.

CAPÍTULO 2

Componentes eléctricos :

2.1 motores

Os motores são classificados em três tipos, como mostra a figura (2.1)

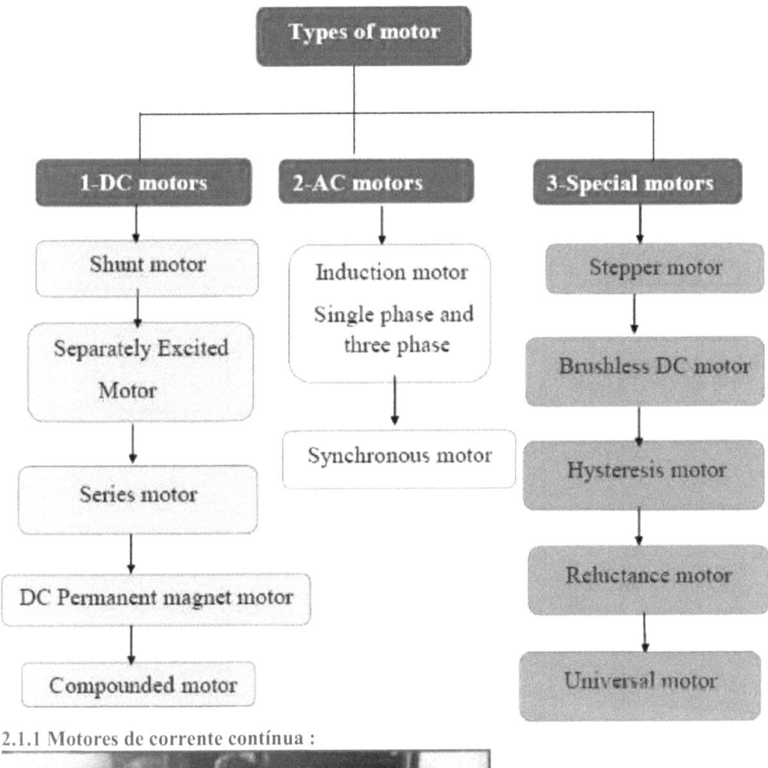

2.1.1 Motores de corrente contínua :

Figura 2.2 Motor de engrenagens

Os motores de corrente contínua são utilizados há anos em aplicações industriais. Juntamente com um acionamento de corrente contínua, os motores de corrente contínua proporcionam um controlo muito preciso. Os motores de corrente contínua podem ser utilizados em transportadores, elevadores, extrusoras, aplicações marítimas, manuseamento de materiais, papel, plásticos, borracha, aço e aplicações têxteis. A figura e explica os principais componentes do motor de corrente contínua, que consiste na estrutura, eixo, rolamentos, estator, rotor e conjunto de escovas.

- O motor de engrenagens é utilizado como se mostra na figura (2.2) para obter uma velocidade adequada com um binário elevado.

- No sistema de controlo de circuito aberto, o motor de corrente contínua com engrenagens é utilizado como um motor de passo.

- É possível obter uma maior precisão.

Tabela 2.1 Especificações do motor CC

Input Volage	18 V DC
Speed	59 RPM

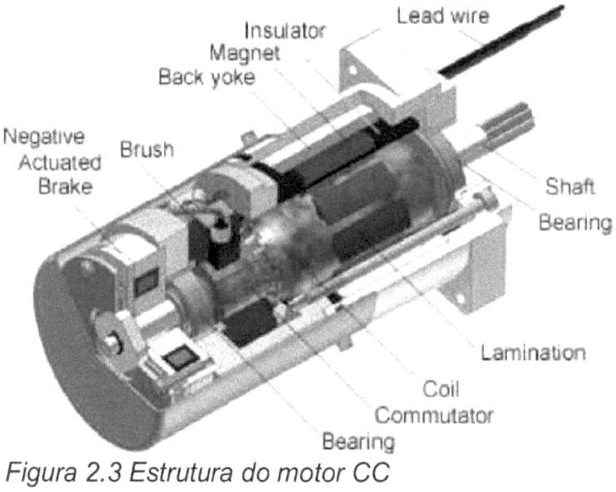

Figura 2.3 Estrutura do motor CC

É importante compreender as características eléctricas dos enrolamentos de campo principais, conhecidos como estator, e dos enrolamentos rotativos, conhecidos como armadura, como mostra a figura (2.3). A compreensão destes dois componentes ajudará a compreender as várias funções de um conversor de corrente contínua.

A relação entre os componentes eléctricos de um motor de corrente contínua é apresentada na ilustração seguinte. Os enrolamentos de campo são montados nas peças dos pólos para formar electroímanes. Nos motores CC mais pequenos, o campo pode ser um íman permanente. No entanto, em campos de corrente contínua maiores, o campo é normalmente um eletroíman. Os enrolamentos do campo e as peças dos pólos são aparafusados à estrutura. A armadura é inserida entre os enrolamentos de campo.

Existem cinco tipos de motores de corrente contínua

1- *Motores de derivação:*

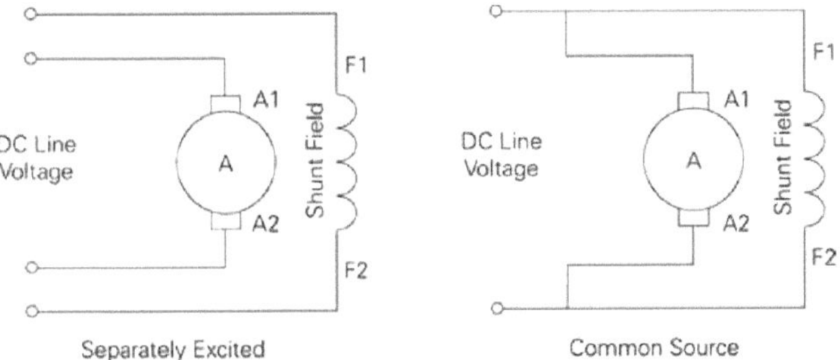

Figura 2.4 Circuito de motores de derivação

Num motor em derivação, o campo é ligado em paralelo (shunt) com o enrolamento da armadura. O motor ligado em derivação oferece uma boa regulação da velocidade. O enrolamento do campo pode ser excitado separadamente ou ligado à mesma fonte que a armadura, como se mostra na figura (2.4).

Uma vantagem de um campo de derivação excitado separadamente é a capacidade de um variador de velocidade fornecer controlo independente da armadura e do campo.

O motor ligado em paralelo oferece um controlo simplificado para a inversão. Isto é especialmente vantajoso em accionamentos regenerativos.

2- *Motor DC com excitação separada:*

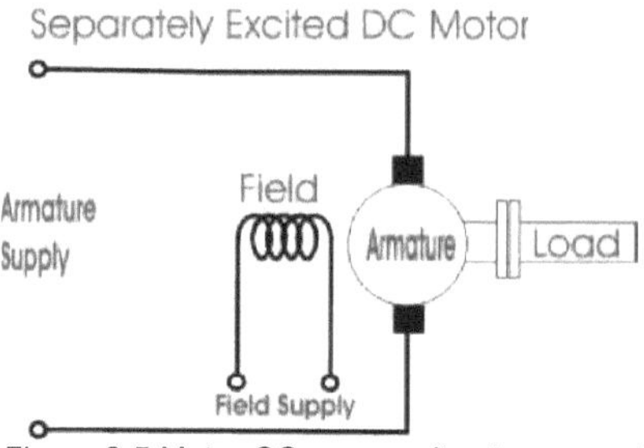

Figura 2.5 Motor CC com excitação separada

Como o nome sugere, no caso de um motor CC com excitação separada, a alimentação é dada separadamente para os enrolamentos do campo e da armadura. O principal facto que distingue estes tipos de motores CC é que a corrente de armadura não flui através dos enrolamentos de campo, uma vez que o enrolamento de campo é alimentado a partir de uma fonte externa separada de corrente CC, como se mostra na figura (2.5).

3- *Motores de série:*

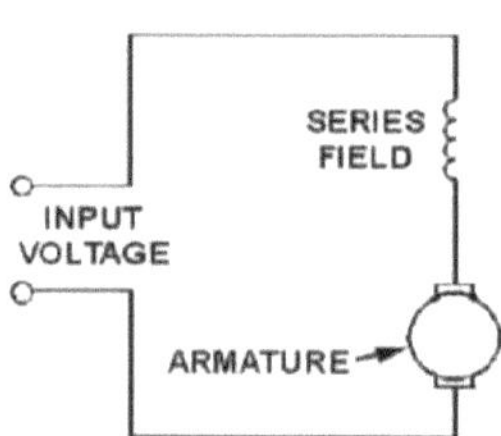

Figura 2.6 Motores em série

Num motor CC em série, o campo está ligado em série com a armadura, como se mostra na figura (2.6). O campo é enrolado com algumas voltas de fio grande porque tem de suportar a corrente total da armadura.

Uma caraterística dos motores em série é o facto de o motor desenvolver uma grande quantidade de binário de arranque.

No entanto, a velocidade varia muito entre vazio e carga total. Os motores em série não podem ser utilizados quando é necessária uma velocidade constante sob cargas variáveis.

Adicionalmente, a velocidade de um motor em série sem carga aumenta até ao ponto em que o motor pode ficar danificado. Deve ser sempre ligada alguma carga a um motor ligado em série.

Os motores ligados em série geralmente não são adequados para utilização na maioria das

aplicações de acionamento de velocidade variável.

4- *Motores de ímanes permanentes:*
5-

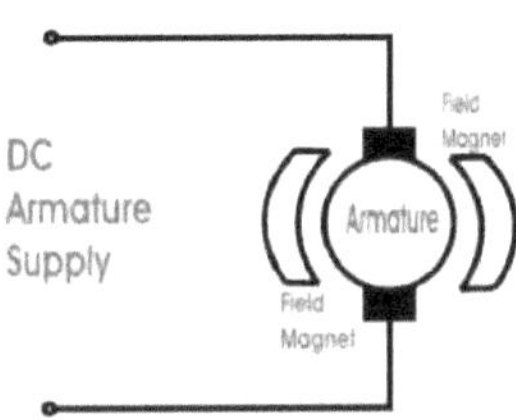

Figura 2.7 Motores de ímanes permanentes

O motor de ímanes permanentes utiliza um íman para fornecer o fluxo de campo, como se mostra

na figura (2.7). Os motores CC de ímanes permanentes têm uma excelente capacidade de binário de

arranque com uma boa regulação da velocidade.

Uma desvantagem dos motores CC de ímanes permanentes é que estão limitados à quantidade de

carga que podem acionar. Estes motores podem ser encontrados em aplicações de baixa potência.

Outra desvantagem é que o binário é normalmente limitado a 150% do binário nominal para evitar a

desmagnetização dos ímanes permanentes.

6- *Motores compostos*

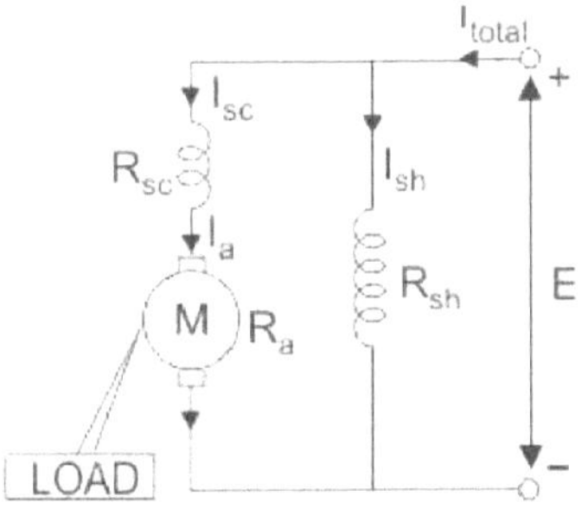

Figura 2.8 Motores compostos

Os motores compostos têm um campo ligado em série com a armadura e um campo de derivação excitado separadamente, como se mostra na figura (2.8). O campo em série proporciona um melhor

binário de arranque e o campo em derivação proporciona uma melhor regulação da velocidade. No

entanto, o campo em série pode causar problemas de controlo em aplicações de variadores de

velocidade e, geralmente, não é utilizado em variadores de quatro quadrantes.

2.1.2 Motores AC

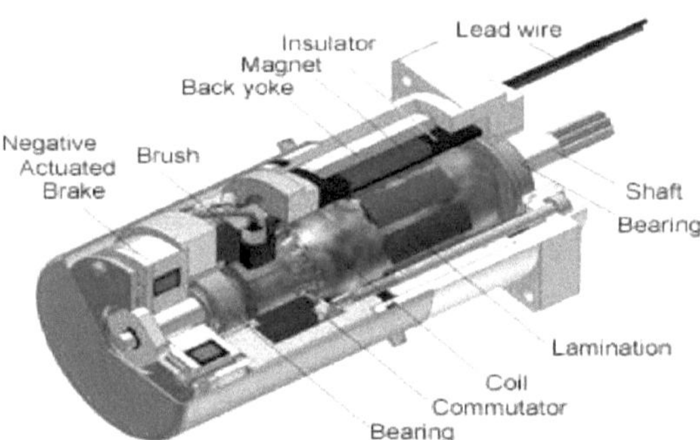

Figura 2.9 Estrutura do motor CA

Regra geral, a conversão de energia eléctrica em energia mecânica tem lugar na parte rotativa de um

motor elétrico. Nos motores de. a energia eléctrica é conduzida diretamente para a armadura (ou

seja, a parte rotativa) através de escovas e do comutador. Assim, neste sentido, um motor de. Motor

pode ser chamado de motor de condução. No entanto, nos motores de corrente alternada, o rotor não

recebe energia eléctrica por condução, mas sim por indução, exatamente da mesma forma que o

secundário de um transformador de 2 enrolamentos recebe a sua energia do primário, como mostra

a figura (2.9). É por isso que estes motores são conhecidos como motores de indução. De facto, um

motor de indução pode ser tratado como um transformador rotativo, isto é, um transformador em

que o enrolamento primário está parado, mas o secundário é livre de rodar. De todos os motores de

corrente alternada, o motor de indução polifásico é o que é amplamente utilizado para vários tipos

de accionamentos industriais.

Tabela 2.2 Comparação entre motores CA e CC :

AC Motor	DC Motor
Single speed transmission	Multi-speed transmission
Light weight	Heavier for same power
Less expensive	Higher cost
95% efficiency at full load	85-89% efficiency at full load
More expensive controller	Simple controller
Motor/controller/inverter is more expensive	Motor/controller – lower cost

2.1.3 Motor de passo:

Um motor passo a passo é um dispositivo eletromecânico que converte impulsos eléctricos em movimentos mecânicos discretos. O eixo ou fuso de um motor passo a passo roda em incrementos discretos quando lhe são aplicados impulsos de comando elétrico na sequência correcta.

A rotação do motor tem várias relações directas com estes impulsos de entrada aplicados.

A sequência dos impulsos aplicados está diretamente relacionada com o sentido de rotação dos veios do motor.

A velocidade de rotação dos veios do motor está diretamente relacionada com a frequência dos impulsos de entrada e o comprimento de rotação está diretamente relacionado com o número de impulsos de entrada aplicados. A estrutura do motor passo-a-passo é apresentada na figura (2.10).

Vantagem

1. O ângulo de rotação do motor é proporcional ao impulso de entrada.

2. O motor tem um binário total com o motor parado (se os enrolamentos estiverem energizados)

3. posicionamento preciso e repetibilidade do movimento, uma vez que os bons motores de passo têm uma precisão de 3 a 5% de um passo e este erro não é cumulativo de um passo para o outro.

4. excelente resposta ao arranque/paragem/reversão.

5. muito fiável, uma vez que não existem escovas de contacto no motor.

Desvantagem

1. Podem ocorrer ressonâncias se não forem devidamente controladas.

2. Não é fácil de utilizar a velocidades extremamente elevadas.

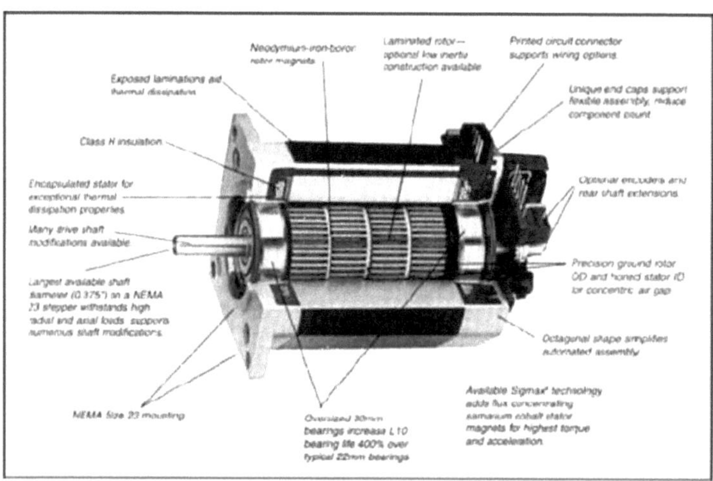

Figura 2.10 Estrutura do motor de passo

2.2 Fontes de alimentação CC

Qual é o dispositivo responsável pela conversão de 220 V CA em CC com qualquer

voltagem necessária, como mostra a figura (2.11).

Tabela 2.3 Especificação da fonte de alimentação

Input	220 AC
Output	24 DC

2.2.1 Circuito de alimentação eléctrica:

A fonte de alimentação, como mostra a figura (2.12), é constituída por

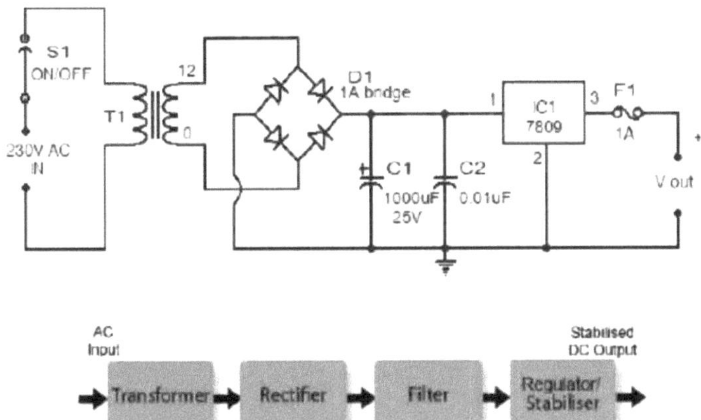

1-Transformador:

O transformador é um dispositivo estático que transfere energia eléctrica do enrolamento primário

para o enrolamento secundário sem afetar a frequência. É utilizado para aumentar ou diminuir o

nível de tensão CA e isola o resto do sistema eletrónico da energia CA.

2- Retificador:

O retificador é um dispositivo utilizado para transformar a corrente alternada em corrente pulsante.

O retificador básico é o díodo. Este díodo é um dispositivo unidirecional que funciona como

retificador na direção da frente. Os três circuitos rectificadores básicos que utilizam díodos são o de meia onda, o de onda completa com derivação central e o de onda completa em ponte.

3-Filtro:

O filtro da fonte de alimentação é utilizado para evitar que a componente de ondulação apareça na saída. Foi concebido para converter a corrente contínua pulsante dos circuitos rectificadores num nível de corrente contínua adequadamente suave. Os dois tipos básicos de filtros de fonte de alimentação são o filtro de capacitância (filtro C) e o filtro RC. O filtro C é o filtro mais simples e mais económico que existe. Por outro lado, o filtro RC é utilizado para reduzir a quantidade de tensão de ondulação através de um filtro de condensador. A sua função principal é passar a maior parte do componente de enquanto atenua o componente ac do sinal.

4-Reguladores de tensão:

Um regulador de tensão é concebido para fornecer uma saída de tensão muito estável ou bem regulada.

É sempre ideal ter uma tensão de saída estável para que a carga funcione corretamente. O nível de saída é mantido independentemente da variação da tensão de entrada. Os reguladores de tensão de transístor normalmente utilizados são o regulador de tensão em série e o regulador de tensão em derivação. Os dois últimos dígitos do número de identificação 78XX indicam a tensão de saída regulada pelo CI.

Tabela 2.4 Os modelos mais populares de CIs reguladores

Model	Voltage
7805	5
7806	6
7809	9
7810	10
7812	12
7815	15
7818	18
7824	24

2.3 Interruptores eléctricos:

Figura 2.13 interruptores eléctricos

são dispositivos electromecânicos utilizados em circuitos eléctricos para controlar a potência, detetar quando os sistemas estão fora das suas gamas de funcionamento, assinalar aos controladores o paradeiro dos elementos da máquina e das peças de trabalho, fornecer um meio de controlo manual das funções da máquina e do processo, controlar a iluminação, etc. Os interruptores existem numa variedade de estilos e são accionados manualmente, com o pé ou através da deteção de pressão, nível ou objectos. Os interruptores podem ser do tipo simples de ligar/desligar ou podem ter várias posições que, por exemplo, podem controlar a velocidade de uma ventoinha de várias velocidades. Os operadores de interruptores podem ser encontrados em várias formas e tamanhos, como se mostra na figura (2.13), tais como botões de alternância ou botões, e podem ser fornecidos numa variedade de cores.

Outros interruptores de botão de pressão são *interruptores de contacto momentâneo,* em que os contactos mudam do seu estado predefinido apenas quando o botão é premido e mantido premido. Os dois tipos de interruptores de contacto momentâneo são

* *Normalmente aberto (NA):*

  Num interrutor normalmente aberto, o estado predefinido dos contactos é aberto. Quando se carrega no botão, os contactos estão fechados. Quando se solta o botão, os contactos abrem-se novamente. Assim, a corrente flui apenas quando o botão é premido e mantido premido.

- *Normalmente fechado (NC):*

Num interrutor normalmente fechado, o estado predefinido dos contactos é fechado. Assim, a

corrente flui até ser premido o botão. Quando se pressiona o botão, os contactos são abertos e a

corrente não flui. Quando se solta o botão, os contactos voltam a fechar-se e a corrente retoma.

Tabela 2.5 Tipos de interruptores eléctricos :

switch	Describe	figure
Slide switch	A *slide switch* has a knob that you can slide Back and forth to open or close the contacts.	
Toggle switch	A *toggle switch* has a lever that you flip up or Down to open or close the contacts. Common household light switches are Examples of toggle switches. A *rotary switch* has a knob that you turn to	
Rotary switch	A *rotary switch* has a knob that you turn to Open and close the contacts. The switch in The base of many tabletop lamps is an Example of a rotary switch. .	
Rocker switch	A rocker switch has a seesaw action. You press one side of the switch down to Close the contacts, and press the other side Down to open the contacts.	

Knife switch	A knife switch is the kind of switch Igor Throws in a Frankenstein movie to reanimate the creature. In a knife switch, the contacts are exposed for everyone to see.	
Pushbutton switch	A pushbutton switch is a switch that has a knob that you push to open or close the Contacts. In some pushbutton switches, You push the switch once to open the contacts and then push again to close the contacts. In other words, each time you push the switch, the contacts alternate between opened and closed.	

2.4 Relé

Um relé é um interrutor operado eletricamente. Muitos relés utilizam um eletroíman para acionar mecanicamente um interrutor, mas também são utilizados outros princípios de funcionamento, como os relés de estado sólido. Os relés são utilizados quando é necessário controlar um circuito através de um sinal de baixa potência (com isolamento elétrico completo entre os circuitos de controlo e os circuitos controlados), ou quando vários circuitos devem ser controlados por um único sinal. Os primeiros relés foram utilizados em circuitos telegráficos de longa distância como amplificadores: repetiam o sinal proveniente de um circuito e retransmitiam-no noutro circuito. Os relés foram muito utilizados em centrais telefónicas e nos primeiros computadores para efetuar operações lógicas. Um tipo de relé que pode lidar com a elevada potência necessária para controlar diretamente um motor elétrico ou outras cargas é designado por contactor. Os relés de estado sólido controlam circuitos de potência sem partes móveis, utilizando um dispositivo semicondutor para efetuar a comutação. Os relés com características de funcionamento calibradas e, por vezes, com várias bobinas de funcionamento são utilizados para proteger os circuitos eléctricos contra sobrecargas ou avarias. Um relé eletromagnético simples, como mostra a figura (2.14), é constituído por uma bobina de fio enrolada num núcleo de ferro macio, uma ponte de ferro que proporciona um caminho de baixa relutância para o fluxo magnético, uma armadura de ferro móvel e um ou mais conjuntos de contactos. A armadura está articulada com a forquilha e mecanicamente ligada a um ou mais conjuntos de contactos móveis.

Ele é mantido no lugar por uma mola, de modo que quando o relé é desenergizado, há um espaço de ar no circuito magnético. Neste estado, um dos dois conjuntos de contactos do relé está fechado, e o outro conjunto está aberto. Outros relés podem ter mais ou menos conjuntos de contactos, dependendo da sua função. O relé da figura também tem

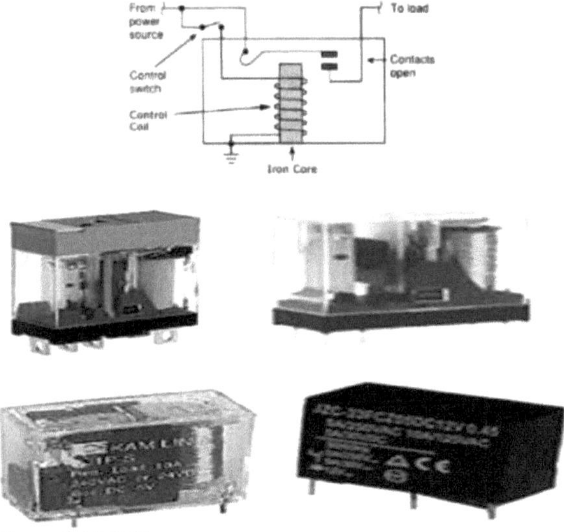

Figura 2.14 Relé

um fio que liga o induzido à forquilha. Isto assegura a continuidade do circuito entre os contactos móveis do induzido e a pista do circuito na placa de circuito impresso (PCB) através da forquilha, que é soldada à PCB.

2.5 Lâmpada de indicação :

Figura 2.15 Lâmpada de indicação

Uma luz indicadora é um dispositivo de aviso utilizado para alertar os condutores para potenciais problemas com os seus veículos. Funções como a pressão do óleo, a temperatura da água e a tensão são normalmente ligadas às luzes indicadoras do painel de instrumentos, como mostra a figura (2.15). Quando existe um problema potencial ou uma leitura perigosa de um sensor do motor, a luz indicadora acende-se. Muitos veículos têm indicadores de funcionamento completo que mostram a leitura da função, bem como uma luz indicadora. Normalmente, os veículos com menos opções e os veículos de base possuem apenas o sistema de luzes indicadoras.

Para cada função do motor do automóvel, existe um sensor que transmite as leituras para o painel de instrumentos.

Este sistema de luzes de aviso e indicadores de funcionamento permite ao condutor ter uma ideia do funcionamento do motor. Os sensores estão programados para enviar um sinal para a luz indicadora no caso de uma leitura não normalizada do sensor. Quando este sinal é enviado, a luz avisadora acende-se, informando o condutor de que existe um problema. A situação pode então ser avaliada e o condutor pode determinar se é necessária uma assistência imediata ou se o veículo pode continuar e ser assistido mais tarde.

2.6 Sensor

Um **sensor** é um dispositivo capaz de converter qualquer quantidade física a ser medida num sinal que pode ser lido, visualizado, armazenado ou utilizado para controlar algum

Um **sensor** é um dispositivo capaz de converter qualquer quantidade física a ser medida num sinal que pode ser lido, visualizado, armazenado ou utilizado para controlar outra quantidade. Este sinal produzido pelo sensor é equivalente à grandeza a medir. Os sensores são utilizados para medir uma caraterística específica de qualquer objeto ou dispositivo. Por exemplo, um termopar, um termopar detecta a energia térmica (temperatura) numa das suas junções e produz uma tensão de saída equivalente que pode ser medida por um voltímetro. Quanto maior for o aumento da temperatura, maior será a tensão lida pelo voltímetro. Todos os sensores precisam de ser calibrados em relação a uma referência

outra grandeza. Este sinal produzido pelo sensor é equivalente à quantidade a medir. Os sensores são utilizados para medir uma caraterística específica de qualquer objeto ou dispositivo. Por exemplo, um termopar, um termopar detecta a energia térmica (temperatura) numa das suas junções e produz uma tensão de saída equivalente que pode ser medida por um voltímetro. Quanto maior for o aumento da temperatura, maior será a tensão lida pelo voltímetro. Todos os sensores precisam de ser calibrados em relação a um valor de referência ou a um dispositivo padrão para uma medição exacta.

2.6.1 Tipos de sensores :

Os sensores são classificados com base na natureza da quantidade que medem. Seguem-se os tipos de sensores apresentados na figura (2.16) com alguns exemplos.

1. Sensores acústicos e sonoros, por exemplo Microfone, hidrofone.

2. Sensores automóveis, por exemplo: Velocímetro, pistola de radar, velocímetro, medidor da taxa de combustível.

3. sensores químicos, por exemplo: Sensor de Ph., Sensores para detetar a presença de diferentes gases

ou líquidos.

4. sensores eléctricos e magnéticos, por exemplo   Galvanómetro, sensor Hall (mede a densidade do fluxo), detetor de metais.

5. sensores ambientais, por exemplo: Pluviómetro, medidor de neve, sensor de humidade.

6. sensores ópticos, por exemplo: Foto-diodo, Foto-transistor, Sensor de frente de onda.

7. sensores mecânicos, por exemplo: Medidor de tensão, medidor de potencial (mede o deslocamento).

8. sensores térmicos e de temperatura, por exemplo: termopar de calorímetro, termistor, medidor de jardim.

9. sensores de proximidade e de presença

10. um sensor de proximidade ou de presença é aquele que é capaz de detetar as presenças de objectos próximos sem qualquer contacto físico. Normalmente emitem radiações electromagnéticas e detetar as eventuais alterações no sinal refletido.

por exemplo: Radar Doppler, Detetor de movimentos.

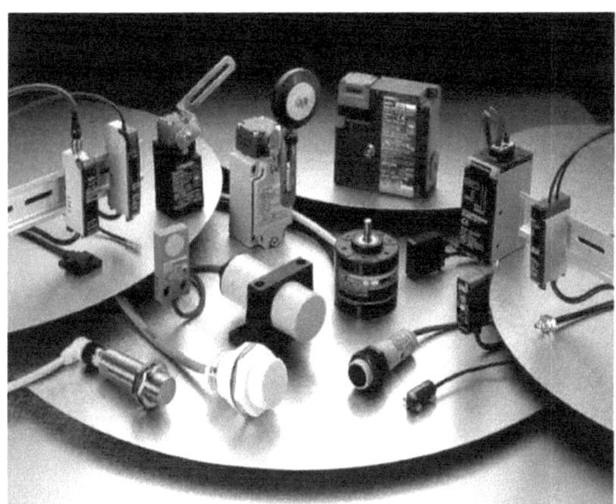

Figura 2.10 Principais tipos de sensores

2.6.2 Sensores de posição

Um método para determinar uma posição é utilizar a "distância", que pode ser a distância entre dois pontos, como a distância percorrida ou afastada de um ponto fixo, ou a "rotação" (movimento angular). Por exemplo, a rotação da roda de um robô para determinar a sua distância percorrida ao longo do solo. De qualquer forma, os sensores de posição podem detetar o movimento de um objeto em linha reta utilizando sensores lineares ou pelo seu movimento angular utilizando sensores de rotação.

1- O Potenciómetro:

Figura 2.17 Potenciómetro

O mais utilizado de todos os "sensores de posição" é o *potenciómetro*, porque é um sensor de posição barato e fácil de utilizar. Tem um contacto raspador ligado a um eixo mecânico que pode ser angular (rotativo) ou linear (tipo deslizante) no seu movimento, e que faz com que as ligações mudem, dando um sinal elétrico de saída que tem uma relação proporcional entre a posição real do raspador na pista resistiva e o seu valor de resistência. Por outras palavras, a resistência é proporcional à posição. Os potenciómetros existem numa vasta gama de modelos e tamanhos, tais como o tipo rotativo redondo comummente disponível ou os tipos deslizantes lineares mais longos e planos. Quando utilizado como sensor de posição, o objeto móvel é ligado diretamente ao eixo rotativo ou ao cursor do potenciómetro.

Aplica-se uma tensão de referência DC através das duas ligações fixas exteriores que formam o elemento resistivo. O sinal de tensão de saída é retirado do terminal do raspador do contacto deslizante, como se mostra na figura (2.17). Esta configuração produz um circuito de saída do tipo divisor de potencial ou de tensão que é proporcional à posição do veio. Assim, por exemplo, se aplicarmos uma tensão de, digamos, lOv através do elemento resistivo do potenciómetro, a tensão máxima de saída será igual à tensão de alimentação a 10 volts, sendo a tensão mínima de saída igual a 0 volts. Assim, o limpador do potenciómetro fará variar o sinal de saída de 0 a 10 volts, com 5 volts a indicar que o limpador ou cursor está na sua posição intermédia ou central, como se mostra na figura (2.18).

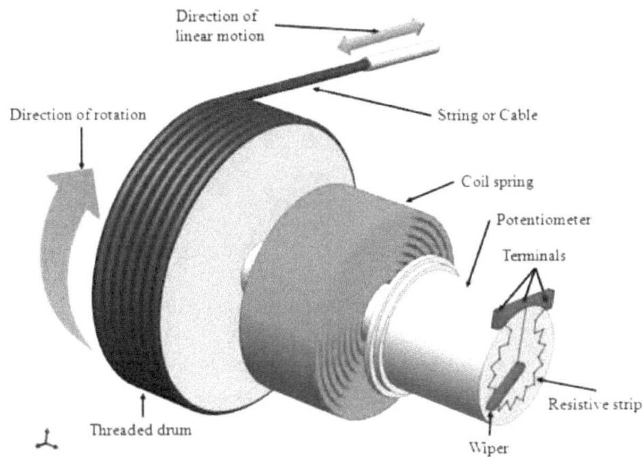

Figura 2.18 Construção do potenciómetro

O sinal de saída (Vout) do potenciómetro é obtido a partir da ligação central do limpador, à medida que este se desloca ao longo da pista resistiva, e é proporcional à posição angular do eixo. Exemplo de um circuito simples de deteção de posição como o mostrado na figura (2.19).

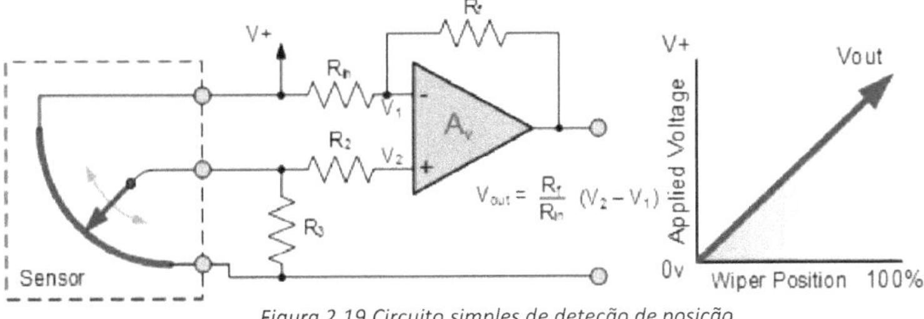

Figura 2.19 Circuito simples de deteção de posição

Embora os sensores de posição de potenciómetro resistivo tenham muitas vantagens: baixo custo, baixa tecnologia, fácil de utilizar, etc., como sensor de posição também têm muitas desvantagens: desgaste devido a peças móveis, baixa precisão, baixa repetibilidade e resposta de frequência limitada. Mas há uma desvantagem principal na utilização do potenciómetro como sensor de posição. A amplitude de movimento do seu limpador ou cursor (e, por conseguinte, o sinal de saída obtido) está limitada à dimensão física do potenciómetro utilizado.

Por exemplo, um potenciómetro rotativo de uma volta tem geralmente apenas uma rotação mecânica fixa entre 0o e cerca de 240 a 330o no máximo. No entanto, estão também disponíveis potenciómetros multi-voltas com uma rotação mecânica até 3600o (10 x 360o).

A maioria dos tipos de potenciómetros utiliza película de carbono para a sua pista resistiva, mas estes tipos são eletricamente ruidosos (o estalido de um controlo de volume de rádio) e também têm uma vida mecânica curta.

Os potenciómetros de fio enrolado, também conhecidos como reóstatos, sob a forma de fio reto ou de fio resistivo enrolado em bobina, também podem ser utilizados, mas os potenciómetros de fio enrolado sofrem de problemas de resolução, uma vez que o seu limpador salta de um segmento de fio para o seguinte, produzindo uma saída logarítmica (LOG) que resulta em erros no sinal de saída. Estes também sofrem de ruído elétrico.

Para aplicações de alta precisão e baixo ruído, estão agora disponíveis potenciómetros de resistência plástica condutiva do tipo película de polímero ou do tipo cermet. Estes potenciómetros têm uma pista resistiva eletricamente linear (LIN) suave e de baixa fricção, o que lhes confere um baixo ruído, uma longa duração e uma excelente resolução, e estão disponíveis como dispositivos multitum e de uma só volta. As aplicações típicas para este tipo de sensor de posição de elevada precisão são joysticks de jogos de computador, volantes, aplicações industriais e de robôs.

2- Transformador diferencial variável linear :

Um tipo de sensor de posição que não sofre de problemas de desgaste mecânico é o "Transformador Diferencial Variável Linear" ou, abreviadamente, LVDT. Trata-se de um sensor de posição do tipo indutivo que funciona segundo o mesmo princípio que o transformador CA utilizado para medir o movimento. É um dispositivo muito preciso para medir deslocamentos lineares e cuja saída é proporcional à posição do seu núcleo móvel, como mostra a figura (2.20).

Consiste basicamente em três bobinas enroladas num tubo oco, uma formando a bobina primária e as outras duas bobinas formando secundários idênticos ligados eletricamente em série, mas 180 fora de fase de cada lado da bobina primária. Um núcleo ferromagnético móvel de ferro macio (por vezes chamado "armadura"), que está ligado ao objeto a medir, desliza ou move-se para cima e para baixo dentro do corpo tubular do LVDT.

Uma pequena tensão de referência AC chamada "sinal de excitação" (2 - 20V rms, 2 - 20kHz) é aplicada ao enrolamento primário que, por sua vez, induz um sinal EMF nos dois enrolamentos secundários adjacentes (princípios do transformador). Se a armadura do núcleo magnético de ferro macio estiver exatamente no centro do tubo e dos enrolamentos, "posição nula", as duas FEM induzidas nos dois enrolamentos secundários anulam-se uma à outra, uma vez que estão 180 o fora de fase, pelo que a tensão de saída resultante é zero. Quando o núcleo é deslocado ligeiramente para um lado ou para o outro a partir desta posição nula ou zero, a tensão induzida num dos secundários torna-se maior do que a do outro secundário e é produzida uma saída. A polaridade do sinal de saída depende da direção e do deslocamento do núcleo móvel. Quanto maior for o movimento do núcleo de ferro macio a partir da sua posição central nula, maior será o sinal de saída resultante. O resultado é uma saída de tensão diferencial que varia linearmente com a posição dos núcleos. Por conseguinte, o sinal de saída deste tipo de sensor de posição tem uma amplitude que é uma função linear do deslocamento dos núcleos e uma polaridade que indica a direção do movimento. A fase do sinal de saída pode ser comparada com a fase de excitação da bobina primária, permitindo que circuitos electrónicos adequados, como o amplificador de sensor LVDT AD592, saibam em que metade da bobina se encontra o núcleo magnético e, assim, saibam a direção do movimento.

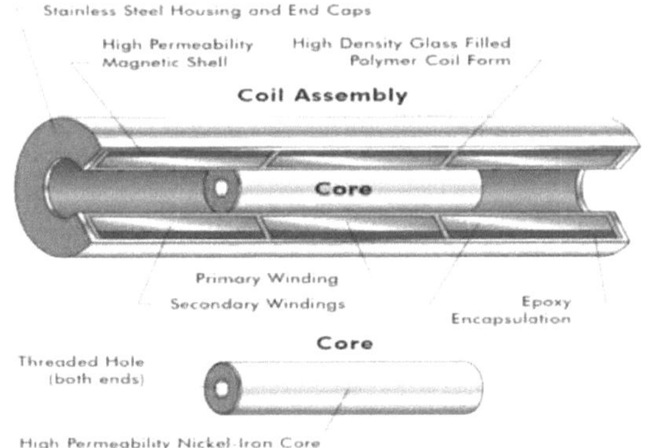

Figura 2.20 O transformador diferencial variável linear

Quando a armadura é movida de uma extremidade para a outra através da posição central, as tensões de saída mudam do máximo para zero e de volta ao máximo novamente, mas no processo muda o seu ângulo de fase em 180 graus. Isto permite que o LVDT produza um sinal AC de saída cuja magnitude representa a quantidade de movimento a partir da posição central e cujo ângulo de fase representa a direção do movimento do núcleo. Uma aplicação típica de um sensor de transformador diferencial variável linear (LVDT) seria como um transdutor de pressão, em que a pressão que está a ser medida é empurrada contra um diafragma para produzir uma força. As vantagens do transformador diferencial variável linear, ou LVDT, em comparação com um potenciómetro resistivo são a sua linearidade, ou seja, a sua saída de tensão em relação ao deslocamento é excelente, a sua precisão é muito boa, a sua resolução é boa, a sua sensibilidade é elevada e o seu funcionamento não tem fricção. São também selados para utilização em ambientes hostis.

3- Sensores de proximidade indutivos:

Outro tipo de sensor de posição indutivo de uso comum é o sensor de proximidade indutivo, também designado por sensor de corrente parasita. Apesar de não terem realmente C de um objeto à sua frente ou numa grande proximidade, daí o seu nome "sensor de proximidade".

Os sensores de proximidade são sensores de posição sem contacto que utilizam um campo magnético para a deteção, sendo o sensor magnético mais simples o interrutor reed. Num sensor indutivo, uma bobina é enrolada à volta de um núcleo de ferro dentro de um campo eletromagnético para formar um circuito indutivo, como se mostra na figura (2.21).

Quando um material ferromagnético é colocado dentro do campo de corrente de Foucault gerado em torno do sensor indutivo, como uma placa metálica ferromagnética ou um parafuso metálico, a indutância da bobina muda significativamente. O circuito de deteção dos sensores de proximidade detecta esta alteração produzindo uma tensão de saída. Por conseguinte, os sensores de proximidade indutivos funcionam segundo o princípio elétrico da Lei de Faraday da indutância.

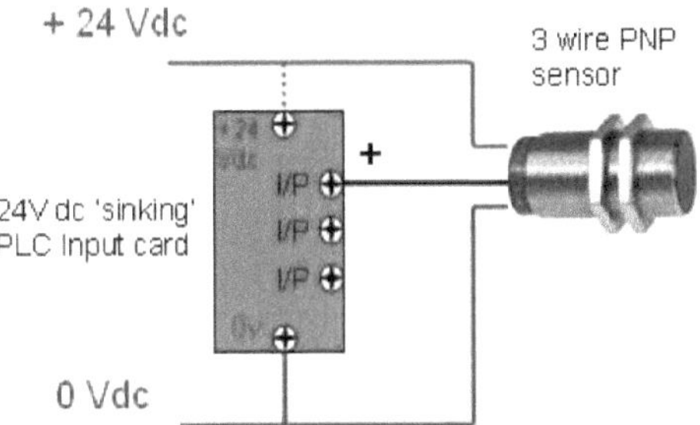

Figura 2.21 Circuito do sensor de proximidade indutivo

Um sensor de proximidade indutivo tem quatro componentes principais: o *oscilador* que produz o campo eletromagnético, a *bobina* que gera o campo magnético, o *circuito de deteção* que detecta qualquer alteração no campo quando um objeto entra nele e o *circuito de saída* que produz o sinal de saída, quer com contactos normalmente fechados (NF) ou normalmente abertos (NA).

Figura 2.22 Sensor de proximidade indutivo

Os sensores de proximidade indutivos permitem a deteção de objectos metálicos em frente da cabeça do sensor sem qualquer contacto físico do próprio objeto a ser detectado. Isto torna-os ideais para utilização em ambientes sujos ou húmidos. A gama de "deteção" dos sensores de proximidade é muito pequena, tipicamente de 0,1 mm a 12 mm. Para além das aplicações industriais, os sensores de proximidade indutivos, tal como se mostra na figura (2.22), também são normalmente utilizados para controlar o fluxo de tráfego através da mudança de semáforos em cruzamentos e estradas transversais. Os laços indutivos rectangulares de fio são enterrados na superfície da estrada de alcatrão. Quando um automóvel ou outro veículo rodoviário passa sobre este laço indutivo, o corpo metálico do veículo altera a indutância dos laços e ativa o sensor, alertando assim o controlador dos semáforos de que há um veículo à espera. Uma das principais desvantagens destes tipos de sensores de posição é o facto de serem "omnidireccionais", ou seja, detectam um objeto metálico acima, abaixo ou ao lado do mesmo. Além disso, não detectam objectos não metálicos, embora estejam disponíveis sensores de proximidade capacitivos e sensores de proximidade ultra-sónicos. Outros sensores magnéticos de posição normalmente disponíveis incluem: sensores de efeito Hall com interrutor reed e sensores de relutância variável.

4- Codificadores rotativos :

Figura 2.23 Codificadores incrementais

Os codificadores rotativos são outro tipo de sensor de posição que se assemelha aos potenciómetros mencionados anteriormente, mas são dispositivos ópticos sem contacto utilizados para converter a posição angular de um eixo rotativo num código de dados analógico ou digital. Por outras palavras, convertem o movimento mecânico num sinal elétrico (de preferência digital).

Todos os codificadores ópticos funcionam segundo o mesmo princípio básico. A luz de um LED ou de uma fonte de luz infravermelha passa através de um disco codificado rotativo de alta resolução que contém os padrões de código necessários, sejam eles binários, cinzentos ou BCD. Os fotodetectores fazem o varrimento do disco à medida que este roda e um circuito eletrónico processa a informação em formato digital, sob a forma de um fluxo de impulsos de saída binários que são enviados para contadores ou controladores que determinam a posição angular real do veio.

Existem dois tipos básicos de codificadores ópticos rotativos: codificadores incrementais e codificadores de posição absoluta.

Codificadores incrementais, também conhecidos como codificadores de quadratura

ou codificador rotativo relativo, como se mostra na figura (2.23), são os mais simples dos dois

sensores de posição. A sua saída é uma série de impulsos de onda quadrada gerados por um arranjo

de fotocélulas à medida que o disco codificado, com linhas transparentes e escuras uniformemente

espaçadas chamadas segmentos na sua superfície, se move ou roda passando pela fonte de luz. O

codificador produz um fluxo de impulsos de onda quadrada que, quando contados, indicam a

posição angular do eixo rotativo. Os encoders incrementais têm duas saídas separadas chamadas

"saídas em quadratura". Estas duas saídas são deslocadas a 90o fora de fase uma da outra, sendo o

sentido de rotação do eixo determinado a partir da sequência de saída.

O número de segmentos ou ranhuras transparentes e escuros no disco determina a resolução do

dispositivo e o aumento do número de linhas no padrão aumenta a resolução por grau de rotação.

Os discos codificados típicos têm uma resolução de até 256 impulsos ou 8 bits por rotação.

O codificador incremental mais simples é designado por tacómetro. Tem uma única saída de onda

quadrada e é frequentemente utilizado em aplicações unidireccionais em que apenas é necessária

informação básica sobre a posição ou a velocidade. O codificador de "quadratura" ou "onda

sinusoidal" é o mais comum e tem duas ondas quadradas de saída, normalmente designadas por

canal A *e* canal B, como mostra a figura (2.24). Este dispositivo utiliza dois fotodetectores,

ligeiramente deslocados um do outro em 90o , produzindo assim duas ondas senoidais e

cossenoidais separadas

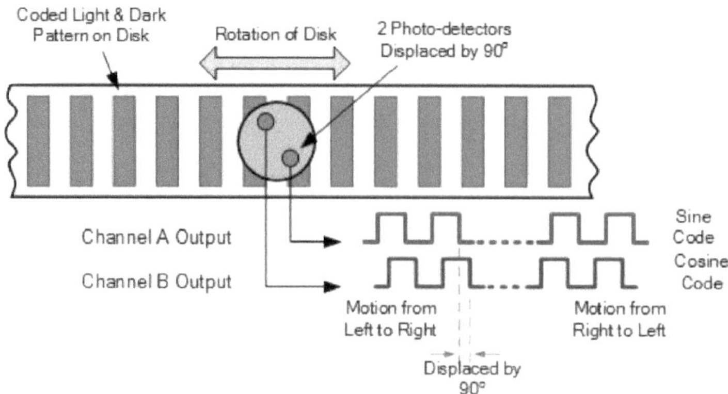

Figura 2.24 Codificador incremental simples

Utilizando a função matemática *arco tangente,* é possível calcular o ângulo do eixo em radianos. Geralmente, o disco ótico utilizado nos codificadores de posição rotativos é circular, pelo que a resolução da saída será dada por: $\theta = 360/n$, em que n é igual ao número de segmentos no disco codificado.

Assim, por exemplo, o número de segmentos necessários para dar a um codificador incremental uma resolução de baixo será: $1_0 = 360/n$, logo, n = 360 janelas, etc. Além disso, o sentido de rotação é determinado observando qual o canal que produz uma saída em primeiro lugar, ou seja, o canal A ou o canal B, o que dá dois sentidos de rotação, A conduz B ou B conduz A. Esta disposição é mostrada na figura (2.25).

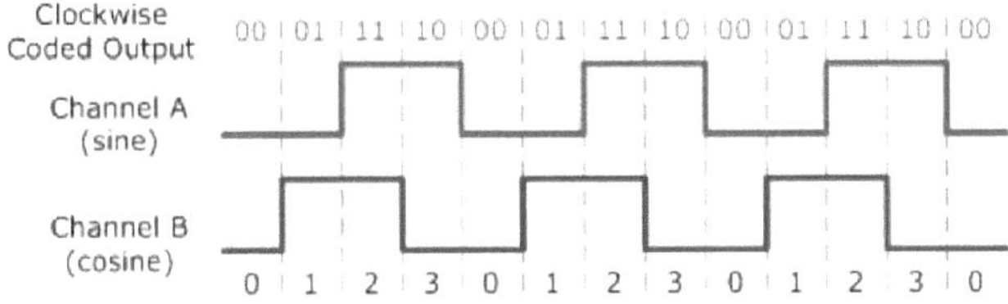

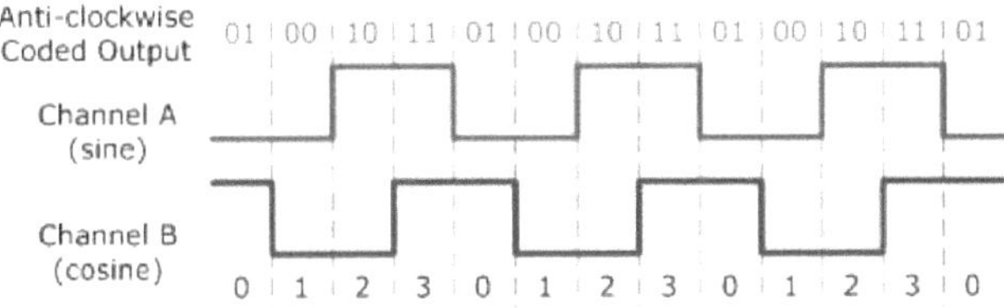

Figura 2.25 Saída do codificador incremental

Uma das principais desvantagens dos encoders incrementais quando utilizados como sensores de posição é o facto de necessitarem de contadores externos para determinar o ângulo absoluto do veio numa determinada rotação. Se a alimentação for momentaneamente desligada, ou se o codificador perder um impulso devido a ruído ou a um disco sujo, a informação angular resultante produzirá um erro.

Uma forma de ultrapassar esta desvantagem é utilizar codificadores de posição absoluta.

CAPÍTULO 3

Sistema de controlo automático :

3.1 microprocessador

Figura 3.1 microprocessador

Um microprocessador é um componente eletrónico que é utilizado por um computador para fazer o seu trabalho. É uma unidade central de processamento num único chip de circuito integrado que contém milhões de componentes muito pequenos, incluindo transístores, resistências e díodos que funcionam em conjunto. Os microprocessadores ajudam a fazer tudo, desde escrever a pesquisar na Web. Tudo o que um computador faz é descrito por muitas instruções precisas e os microprocessadores executam essas instruções a uma velocidade incrível, muitos milhões de vezes por segundo.

Os microprocessadores foram inventados na década de 1970 para serem utilizados em sistemas incorporados. A maioria ainda é utilizada dessa forma, em coisas como telemóveis, automóveis, armas militares e electrodomésticos. Alguns microprocessadores, como os apresentados na figura (3.1), são microcontroladores, tão pequenos e baratos que são utilizados para controlar produtos muito simples, como lanternas e cartões de felicitações que tocam música quando os abrimos. Alguns microprocessadores especialmente potentes são utilizados em computadores pessoais.

- Os microprocessadores são feitos de silício, quartzo, metais e outros produtos químicos.

- Do início ao fim, são necessários cerca de 2 meses para fabricar um microprocessador.

- Os microprocessadores são classificados em função do tamanho do seu barramento de dados ou do seu barramento de endereços. Também são agrupados em tipos CISC e RISC.

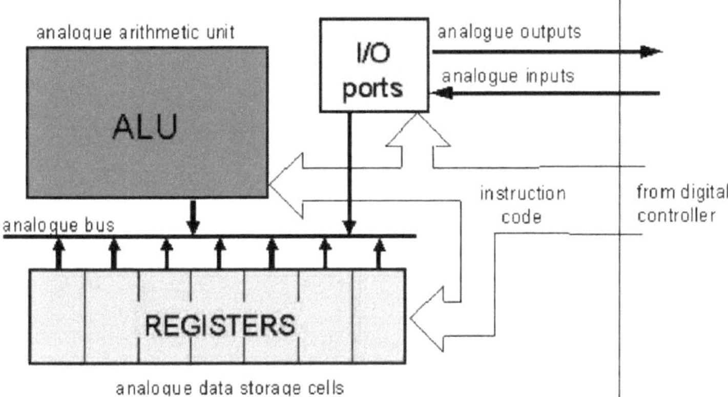

Figura 3.2 Estrutura do microprocessador

O microprocessador é constituído por um ficheiro de registos (cada registo é uma célula de memória analógica, capaz de armazenar uma amostra de dados), uma ALU (Unidade Lógica Aritmética) analógica e uma porta I/O analógica. Todos os blocos de construção estão interligados através de um bus de dados analógico. O processamento da informação é efectuado inteiramente em valores analógicos. O microprocessador executa um programa de software, realizando instruções consecutivas emitidas por um controlador digital. Estas instruções podem incluir operações de transferência de registos, que movem as amostras analógicas de dados entre registos do microprocessador, operações de E/S que movem os dados de e para portas de E/S, operações aritméticas, que modificam os dados analógicos, e operações de comparação, que permitem ramificações condicionais. O programa é armazenado na memória local do controlador, que é um dispositivo puramente digital. O processador completo é, portanto, um sistema de modo misto, com uma via de dados analógica e uma via de controlo digital.

3.2   microcontrolador:

Figura 3.3 microcontrolador

Um microcontrolador é um chip altamente integrado que contém todos os componentes que constituem um controlador. Normalmente, isto inclui uma CPU, RAM, alguma forma de ROM, portas I/O e temporizadores. Ao contrário de um computador de uso geral, que também inclui todos estes componentes, um microcontrolador é concebido para uma tarefa muito específica de controlo de um determinado sistema. Consequentemente, os componentes podem ser simplificados e reduzidos, o que diminui os custos de produção.

Os microcontroladores são por vezes designados por microcontroladores incorporados, o que significa apenas que fazem parte de um sistema incorporado - ou seja, uma parte de um dispositivo ou sistema maior.

Um microcontrolador está disponível em diferentes comprimentos de palavra, tal como os microprocessadores (atualmente, estão disponíveis microcontroladores de 4 bits, 8 bits, 16 bits, 32 bits, 64 bits e 128 bits).

3.2.1 Componente   do microcontrolador

Um microcontrolador contém basicamente um ou mais dos seguintes componentes:

-Unidade central de   processamento (CPU)
-Memória de   acesso aleatório (RAM)
-Memória só de leitura (ROM)
   -Portas de entrada/saída

-Cronómetros   e contadores

-Controlos de interrupção

-Conversores analógicos   para digitais

-Conversores analógicos digitais

-Portas de interface serial

-Circuitos oscilatórios

3.2.   2Estrutura do microcontrolador

A estrutura básica e o diagrama de blocos de um microcontrolador são apresentados na figura (3.4).

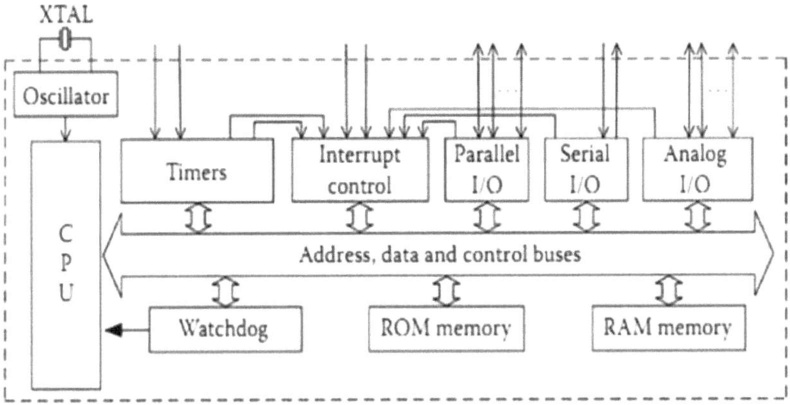

Figura 3.4 Estrutura do microcontrolador

3.2.3   Tipos de microcontroladores

Os vários tipos de microcontroladores são apresentados na figura (3.5).

Os microcontroladores são classificados em termos de largura do barramento interno,

microcontrolador incorporado, conjunto de instruções, arquitetura da memória, chip IC ou ficheiro

de núcleo VLSI (VHDL ou Verilog) e família. Para uma mesma família, pode haver várias versões

com várias fontes.

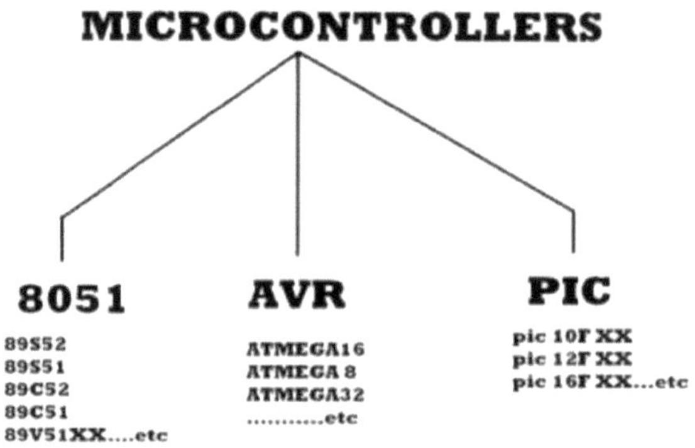

MICROCONTROLLERS

8051

89S52
89S51
89C52
89C51
89V51XX....etc

AVR

ATMEGA16
ATMEGA 8
ATMEGA32
...........etc

PIC

pic 10F XX
pic 12F XX
pic 16F XX...etc

Figura 3.5 Tipos de microcontroladores

3.2.4 Vantagens dos microcontroladores

São apresentadas as principais vantagens dos microcontroladores.

a) Os microcontroladores funcionam como um microcomputador sem quaisquer partes digitais.

b) Uma vez que a maior integração no microcontrolador reduz o custo e o tamanho do sistema.

c) A utilização do microcontrolador é simples, fácil de resolver problemas e de manter o sistema.

d) A maioria dos pinos é programável pelo utilizador para executar diferentes funções.

e) Interface fácil com RAM, ROM e portas de E/S adicionais.

f)Pouco tempo necessário para efetuar as operações.

3.2.5 Desvantagens dos microcontroladores

a) Os microcontroladores têm uma arquitetura mais complexa do que a dos microprocessadores.

b) Efetuar apenas um número limitado de execuções em simultâneo.

c) Utilizado principalmente em microequipamentos.

d) Não é possível ligar diretamente dispositivos de alta potência.

3.2.6 Aplicações

- Utilizado em instrumentos biomédicos.

- Amplamente utilizado em sistemas de comunicação.

- Utilizado como controlador de periféricos no PC.

- Utilizado em robótica.

- Utilizado no sector automóvel.

3.3 Arduino :

O Arduino Uno é uma placa de microcontrolador baseada no ATmega328. Tem 14 pinos de
entrada/saída digitais (dos quais 6 podem ser utilizados como saídas PWM), 6 entradas analógicas,
um oscilador de cristal de 16 MHz, uma ligação USB, uma tomada de alimentação, um conetor
ICSP e um botão de reset. Contém tudo o que é necessário para suportar o microcontrolador; basta
ligá-lo a um computador com um cabo USB ou alimentá-lo com um adaptador AC-to-DC ou uma
bateria para começar. O Uno difere de todas as placas anteriores na medida em que não utiliza o
chip de controlo USB-para-série da FTDI. Em vez disso, possui o Atmega8U2 programado como
um conversor USB-para-série.

3.3.1 Estrutura do Arduino:

O Arduino UNO, tal como ilustrado na figura (3.6), é constituído por
1-potência:

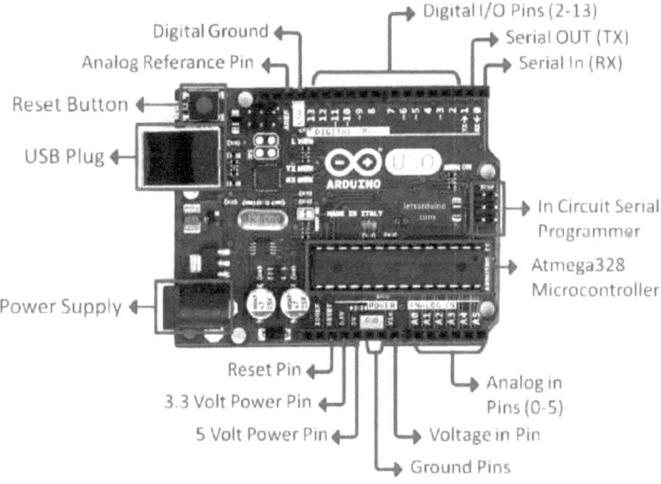

Figura 3.6 Estrutura do Arduino UNO

-A tensão de entrada para a placa Arduino quando está a utilizar uma fonte de alimentação externa
(por oposição aos 5 volts da ligação USB ou de outra fonte de alimentação regulada).

Pode fornecer tensão através deste pino ou, se fornecer tensão através da tomada de alimentação,

aceder-lhe através deste pino.

-5V   .A fonte de alimentação regulada utilizada para alimentar o microcontrolador e outros

componentes na placa. Esta pode ser proveniente do VIN através de um regulador integrado, ou ser

fornecida por USB ou outra fonte regulada de 5V.

-3V3   .A Alimentação de 3,3 volts gerada pelo regulador integrado. Corrente máxima

é de 50 mA.

-   GND Pinos de terra.

2-memória:

O Atmega328 tem 32 KB de memória flash para armazenar código (dos quais 0,5 KB são utilizados

para o carregador de arranque); tem também 2 KB de SRAM e 1 KB de EEPROM (que pode ser

lida e escrita com a biblioteca EEPROM).

3-   Portas de entrada e saída:

• Série: 0 (RX) e 1 (TX), usados para receber (RX) e transmitir (TX) dados em série TTL. Estes

pinos estão ligados aos pinos correspondentes do chip ATmega8U2 USB- to-TTL Serial.

• Interrupções externas: 2 e 3. Estes pinos podem ser configurados para acionar uma interrupção

num valor baixo, num bordo ascendente ou descendente, ou numa alteração de valor. Para mais

pormenores, consulte a função anexar Interrupção ().

• PWM: 3, 5, 6, 9, 10 e 11. Fornecer saída PWM de 8 bits com a função analógica Write ().

• SPI: 10 (SS), 11 (MOSI), 12 (MISO), 13 (SCK). Estes pinos suportam a comunicação SPI, que,

embora fornecida pelo hardware subjacente, não está atualmente incluída na linguagem Arduino.

• LED: 13.Existe um LED incorporado ligado ao pino digital 13. Quando o pino tem um valor

ALTO, o LED está ligado, quando o pino está BAIXO, está desligado.

4-   Comunicação:

O Arduino Uno tem uma série de facilidades para comunicar com um computador, outro Arduino ou outros microcontroladores. O ATmega328 fornece comunicação serial UART TTL (5V), que está disponível nos pinos digitais 0 (RX) e 1 (TX). Um Atmega8U2 no

A placa canaliza esta comunicação de série através de USB e aparece como uma porta COM virtual para o software no computador. O firmware '8U2 utiliza os controladores USB COM padrão, não sendo necessário qualquer controlador externo. No entanto, no Windows, é necessário um ficheiro *.inf.

5-Programação:

O ATmega328 no Arduino Uno vem pré-gravado com um bootloader que lhe permite carregar novo código sem a utilização de um programador de hardware externo. Comunica utilizando o protocolo STK500 original (referência, ficheiros de cabeçalho C).

Tabela 3.2 Especificação do Arduino UNO

Microcontroller	ATmega328
Operating Voltage	5V
Input Voltage (recommended)	7-12V
Input Voltage (limits)	6-20V
Digital I/O Pins	14 (of which 6 provide PWM output)
Analog Input Pins	6
DC Current per I/O Pin	40 mA
DC Current for 3.3V Pin	50 mA
Flash Memory	32 KB of which 0.5 KB used by bootloader
SRAM	2 KB
EEPROM	1 KB
Clock Speed	16 MHz

3.4 PLC (Programmable Logic Controllers) :

Um aparelho eletrónico de funcionamento digital que utiliza uma memória de programação para

armazenar instruções para implementar funções específicas como lógica, sequenciação,

temporização, contagem e aritmética para controlar um processo industrial.

Os controladores lógicos programáveis (PLC) têm sido utilizados na indústria, de uma forma ou de

outra, nos últimos vinte anos. O PLC foi concebido como um substituto para a lógica de relés e

temporizadores com fios que se encontra nos painéis de controlo tradicionais, onde o PLC

proporciona facilidade e flexibilidade de controlo com base na programação e execução de

instruções lógicas. As funções internas, tais como temporizadores, contadores e registos de

mudança, tornam possível um controlo sofisticado, mesmo com o mais pequeno PLC.

3.4.1   Vantagens dos PLCs :

- Menos cablagem.

- A cablagem entre dispositivos e contactos de relé é feita no programa PLC.
- É mais fácil e rápido efetuar alterações.
- Os componentes fiáveis fazem com que estes possam funcionar durante anos antes de
falharem
  - O controlador tinha de ser concebido de forma modular, de modo a que os subconjuntos
    pudessem ser facilmente removidos para substituição ou reparação.
  - O sistema tinha de ser reutilizável.
  - O método utilizado para programar o controlador tinha de ser simples, para que pudesse ser
    facilmente compreendido pelo pessoal da fábrica.

3.4.2   Antecedentes históricos :

- Desenvolvido para substituir os relés no final da década de 1960.

- Os custos baixaram e tornaram-se populares na década de 1980.

- A General Motors Corporation especificou os critérios de conceção do primeiro PLC em 1968.

3.4.3   O seu principal objetivo:

  - -O controlador tinha de ser concebido de forma modular, de modo a que os subconjuntos
    pudessem ser facilmente removidos para substituição ou reparação.
  - -O sistema tinha de ser reutilizável.
  - -O método utilizado para programar o controlador tinha de ser simples, de modo a poder ser
    facilmente compreendido pelo pessoal da fábrica.

1-Fabrico / Maquinação .
2- Indústria alimentar.
3- Metais .
4- Potência
5- Exploração mineira
6- Petroquímica / Química
7-Elevadores
8- Estacionamento inteligente
9- Sistemas SCADA

3.4.5 Estrutura do PLC:

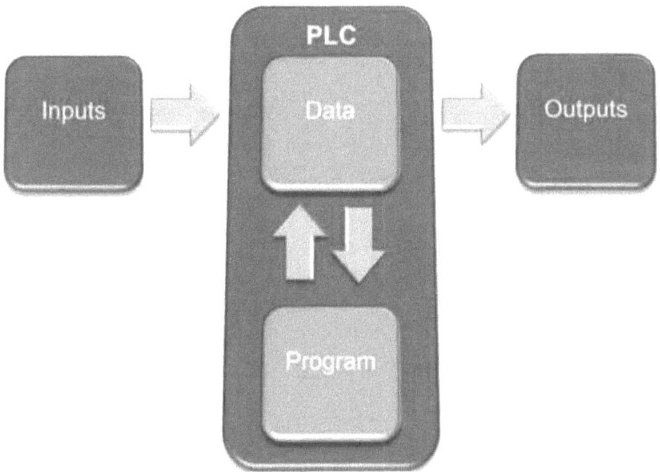

1. Alimentação eléctrica:

Fornece a tensão necessária para o funcionamento dos componentes primários do PLC

2. Módulos de E/S:

Fornece conversão de sinal e isolamento entre os sinais internos de nível lógico dentro do

PLC e o sinal de nível alto do campo.

3. Processador:
Fornece informações para comandar e gerir as actividades de todos os sistemas PLC.

4. Programação

Para introduzir o programa desejado que determinará a sequência de funcionamento e controlo do

equipamento de processo ou da máquina accionada.

5. *Módulo I/O:*

* A secção de interface E/S de um PLC liga-o aos dispositivos de campo.
* O principal objetivo da interface E/S é condicionar os vários sinais recebidos ou enviados para os dispositivos externos de entrada e saída.
* Os módulos de entrada convertem os sinais de dispositivos de entrada discretos ou analógicos em níveis lógicos aceitáveis para o processador do PLC.
* Os módulos de saída convertem o sinal do processador em níveis capazes de acionar os dispositivos de saída discretos ou analógicos ligados.

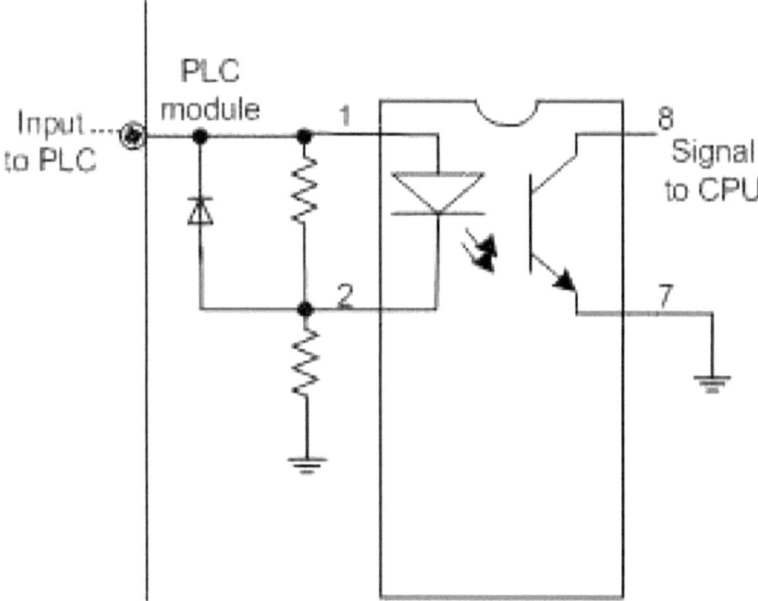

Figura 3.8 Circuito básico de entrada de corrente contínua

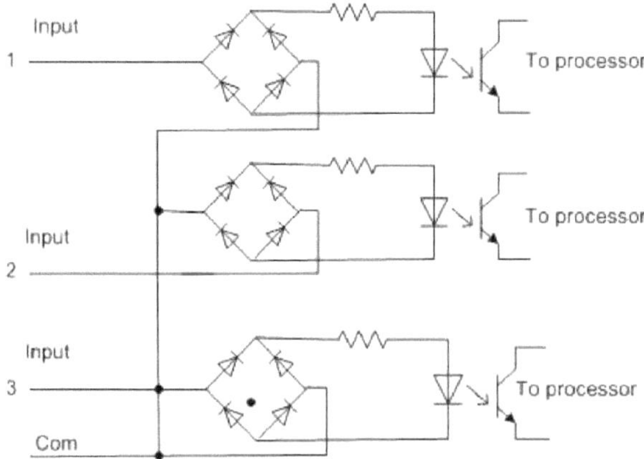

Figura 3.9 Circuito básico de entrada CA

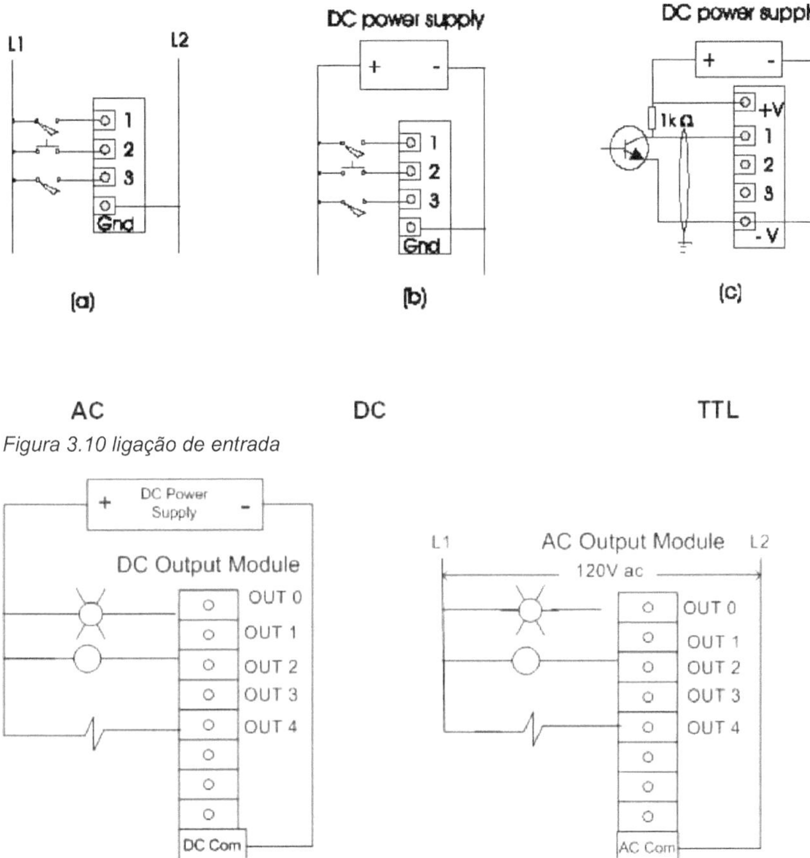

Figura 3.10 ligação de entrada

Figura 3.11 Ligação da cablagem de saída CC e CA

3.4.6 Diferentes tipos de circuitos de E/S

1. Saídas de serviço do piloto

As saídas deste tipo são normalmente utilizadas para acionar cargas

electromagnéticas de alta corrente, tais como solenóides, relés, válvulas e

arrancadores de motores. Estas cargas são altamente indutivas e exibem uma grande

corrente de inrush. As saídas de serviço piloto devem ser capazes de suportar uma

corrente de arranque de 10 vezes a carga nominal durante um curto período de tempo

sem falhas.

2. Saídas de uso geral

Estes são normalmente de baixa tensão e baixa corrente e são utilizados para acionar luzes indicadoras e outras cargas não indutivas.

3. Entradas discretas

Para detetar o estado de interruptores de limite, botões de pressão e outros sensores discretos.

A supressão de ruído é de grande importância para evitar falsas indicações de que as entradas estão a ser ligadas ou desligadas devido ao ruído

4. E/S analógica

Os circuitos deste tipo detectam ou conduzem sinais analógicos.

As entradas analógicas provêm de dispositivos, como termopares, extensómetros ou sensores de pressão, que fornecem um sinal de tensão ou corrente derivado da variável de processo.

Sinais de entrada analógica padrão: 4-20mA; 0-10 As saídas analógicas podem ser utilizadas para acionar dispositivos como voltímetros, registadores X-Y, accionamentos de servomotores e válvulas através da utilização de transdutores. Sinais de saída analógica padrão: 4- 20mA; 0-5V; 0-10V.

5. E/S para fins especiais:

Os circuitos deste tipo são utilizados para fazer a interface entre os PLC e tipos muito específicos de circuitos, tais como servomotores, motores passo a passo, circuitos PID, contagem de impulsos de alta velocidade, entradas de resolver e descodificador, ecrãs multiplexados e teclados. Este módulo permite um acesso limitado às predefinições do temporizador e do contador e a outras variáveis do

PLC sem necessidade de um carregador de programas.

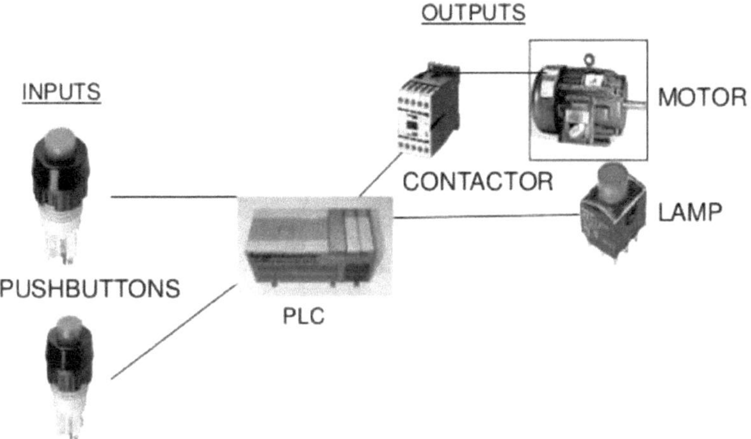

Figura 3.12 exemplos de entrada e saída

3.4.7 Exemplos de entrada discreta :

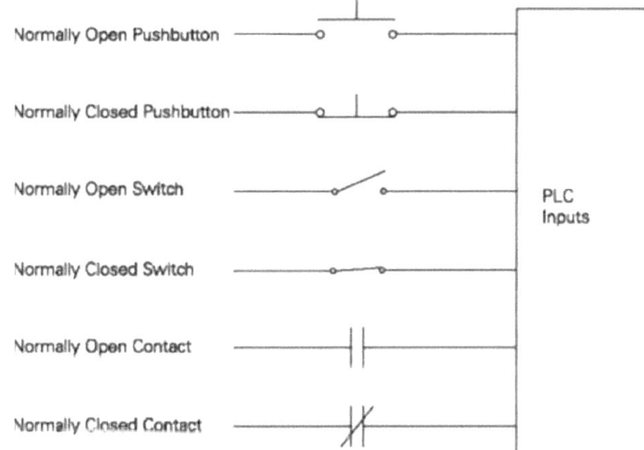

Figura 3.13 Exemplos de entradas discretas

3.4.8 Exemplo de entrada analógica :

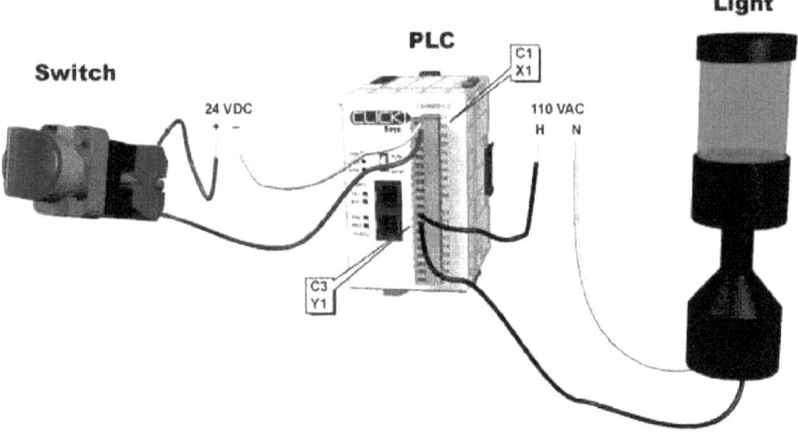

Figura 3.14 Exemplo de entrada analógica

Uma entrada analógica é um sinal de entrada que tem um sinal contínuo, como

mostra a figura (3.14). As entradas típicas podem variar entre 0 e 20 mA, 4 e 20 mA

ou 0 to10V. Dependendo do nível, o sinal para o PLC pode aumentar ou diminuir à

medida que o nível aumenta ou diminui.

3.4.9 Exemplo de uma saída digital:

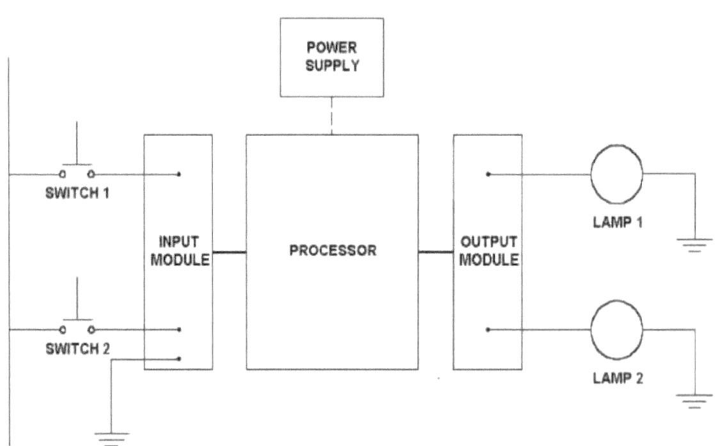

Figura 3.15 Exemplo de uma saída digital

Uma saída discreta está numa condição ON ou OFF, como mostra a figura (3.15).

Solenóides, bobinas de contactores, lâmpadas são exemplos de dispositivos ligados ao

Saídas discretas ou digitais. Abaixo, a lâmpada pode ser ligada ou desligada pela saída do PLC a que está ligada

3.4.10 Exemplo de uma saída analógica:

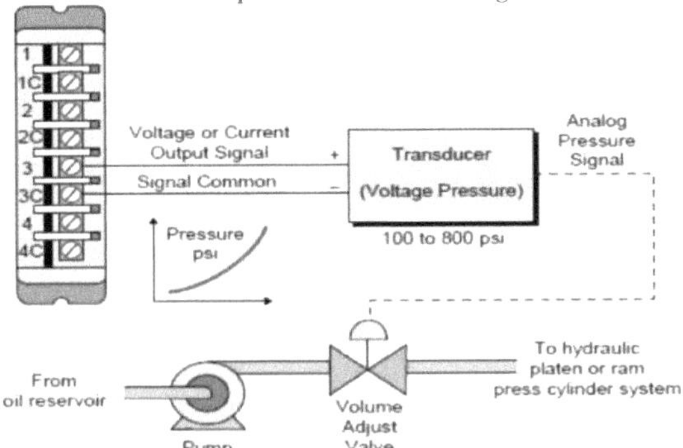

Figura 3.16 Exemplo de uma saída analógica

Uma saída analógica é um sinal de saída que tem um sinal contínuo. As saídas típicas podem variar entre 0 e 20mA, 4 e 20mA ou 0 tolOV, como mostra a figura (3.16).

3.4.11 Processador:

A principal função do microprocessador é analisar os dados provenientes dos sensores de campo através dos módulos de entrada, tomar decisões com base no programa de controlo definido pelo utilizador e devolver o sinal aos dispositivos de campo através dos módulos de saída. Sensores de campo: interruptores, caudal, nível, pressão, temperatura, etc. transmissores, etc. O sistema de memória no módulo de processamento tem duas partes: uma *memória de sistema* e uma memória de aplicação.

3.4.12 Organização do mapa de memória :

Desenhos de memória:

1- VOLÁTIL:

Uma memória volátil é uma memória que perde a informação armazenada quando a energia é retirada. Mesmo perdas momentâneas de energia apagam qualquer informação armazenada ou programada num chip de memória volátil.

Tipo comum de memória volátil:

RAM Memória de acesso aleatório (leitura/escrita) A leitura/escrita indica que a informação armazenada na memória pode ser recuperada ou lida, enquanto a escrita indica que o utilizador pode programar ou escrever informação na memória.

As palavras acesso aleatório referem-se à capacidade de qualquer localização (endereço) na memória ser acedida ou utilizada. A memória Ram é utilizada tanto para a memória do utilizador (diagramas ladder) como para a memória de armazenamento em muitos PLC.

A memória RAM deve ter uma bateria de reserva para conservar ou proteger o programa armazenado.

2-NÃO VOLÁTIL:

Tem a capacidade de manter as informações armazenadas quando a energia é removida, acidental ou intencionalmente. Estas memórias não necessitam de bateria de reserva.

Tipo comum de memória não volátil:

ROM, memória só de leitura

Read only indica que a informação armazenada na memória pode ser lida

apenas e não pode ser alterada. As informações em ROM são colocadas pelo fabricante para uso interno e operação do PLC.

Outros tipos de memória não volátil:

- PROM, Memória Programável Só de Leitura

Permite a escrita de informações iniciais e/ou adicionais na pastilha.

A PROM só pode ser escrita uma vez após ter sido recebida do fabricante do PLC; a programação é efectuada por impulsos de corrente.

A corrente derrete os elos fusíveis do dispositivo, impedindo a sua reprogramação. Este tipo de memória é utilizado para evitar alterações não autorizadas do programa.

- EPROM, Memória Apenas de Leitura Programável Apagável

Ideal quando o armazenamento do programa deve ser semi-permanente ou quando é necessária segurança adicional para evitar alterações não autorizadas do programa.

O chip EPROM tem uma janela de quartzo sobre um material de silício que contém os circuitos electrónicos integrados. Esta janela é normalmente coberta por um material opaco, mas quando o material opaco é removido e os circuitos são expostos à luz ultra-violeta, o conteúdo da memória pode ser apagado.

O chip EPROM é também designado por UVPROM.

- EEPROM, Memória Programável de Leitura Eletricamente Apagável

Também conhecida como E2PROM, é um chip que pode ser programado utilizando um dispositivo de programação padrão e pode ser apagado através da aplicação do sinal correto ao pino de apagamento.

A EEPROM é utilizada principalmente como uma cópia de segurança não volátil da memória RAM normal. Se o programa na RAM se perder ou for apagado, uma cópia do programa armazenado num chip EEPROM pode ser carregada na RAM.

3.4.13 Funcionamento do PLC:

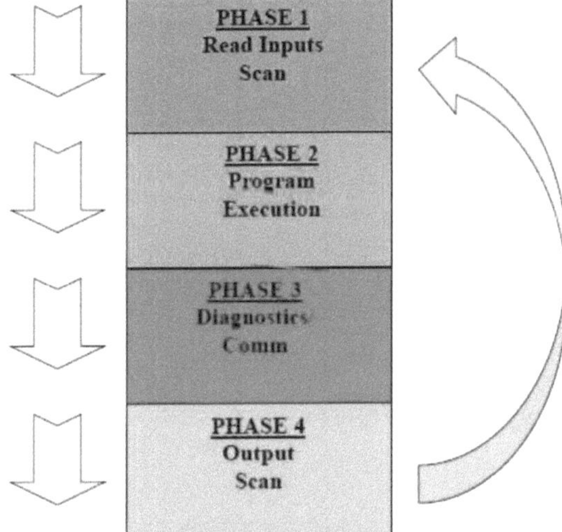

Figura 3.17 Funcionamento do PLC

Função básica de um PLC típico Ler todos os dispositivos de entrada de campo através das interfaces de entrada, executar o programa do utilizador armazenado na memória da aplicação e, em seguida, com base em qualquer esquema de controlo programado pelo utilizador, ligar ou desligar os dispositivos de saída de campo ou efetuar qualquer controlo necessário para a aplicação do processo. Este processo de leitura sequencial das entradas, de execução do programa na memória e de atualização das saídas é conhecido como varrimento.

Enquanto o PLC está a funcionar, o processo de digitalização inclui as quatro fases seguintes, que são repetidas continuamente como ciclos individuais de operação:

FASE 1 - Varrimento do estado das entradas

- Um ciclo de varrimento do PLC começa com a CPU a ler o estado

FASE 2- Resolução lógica/Execução do programa

O programa de aplicação é executado utilizando o estado das entradas.

FASE 3 - Resolução lógica/Execução do programa

Uma vez executado o programa, a CPU efectua diagnósticos e tarefas de comunicação.

FASE 4 - Verificação do estado da saída

- É então efectuada uma verificação do estado das saídas, através da qual os valores de saída armazenados

são enviadas para os actuadores e outros dispositivos de saída de campo. O ciclo termina com a atualização das saídas.

Assim que a fase 4 estiver concluída, todo o ciclo recomeça com a verificação da fase de entrada.

O tempo necessário para implementar um ciclo de varrimento é designado por TEMPO DE VARREDURA.

O tempo de digitalização é composto pelo tempo de digitalização do programa, que é o tempo necessário para

para resolver o programa de controlo, e o tempo de atualização de E/S, ou o tempo necessário para ler as entradas e atualizar as saídas. O tempo de varrimento do programa depende geralmente da quantidade de memória ocupada pelo programa de controlo e do tipo de instruções utilizadas no programa. O tempo para efetuar um único varrimento pode variar de 1 ms a 100 ms.

1- *Sistema de controlo de relés :*

Ao ligar os contactos de entrada e de saída em série e/ou em paralelo, podem ser produzidas quaisquer funções lógicas desejadas. As combinações de vários elementos lógicos podem ser utilizadas para criar planos de controlo bastante complexos. Para uma tarefa simples, o número de relés de controlo necessários pode ser tão elevado que pode resultar num grande painel de controlo. Um sistema de relés típico pode consistir em várias centenas ou milhares de contactos de comutação, o que representa uma tarefa considerável para o engenheiro de projeto. É também extremamente difícil alterar a função de controlo de um painel depois de este ter sido ligado, e é provável que envolva uma nova ligação completa do sistema. Juntamente com as outras desvantagens de custo, velocidade e fiabilidade, os inconvenientes acima referidos para o sistema de controlo por relé levaram à substituição dos sistemas de controlo por relé por alternativas modem baseadas em eletrónica e microprocessadores. Os relés continuam a ser amplamente utilizados como dispositivos de saída (actuadores) noutros tipos de sistemas de controlo, sendo ideais para a conversão de pequenos sinais de controlo em sinais de condução de corrente/voltagem mais elevada.

2- *Sistemas de controlo lógico digital*

Os circuitos integrados digitais, que lidam exclusivamente com sinais binários, processam esta informação através de várias "portas" lógicas. As portas lógicas funcionam a velocidades muito mais elevadas e consomem consideravelmente menos energia do que um circuito de relé equivalente.

Embora os circuitos integrados digitais tenham a vantagem de serem pequenos, não podem comutar sinais de potência mais elevada. O relé é utilizado para converter pequenos sinais de controlo em sinais de condução de maior potência.

3- *Sistema eletrónico de controlo contínuo*

O amplificador operacional (op-amp) disponível para operações de computação analógica, que envolvem a realização de operações matemáticas como a integração, a diferenciação, etc., foi rapidamente adotado no domínio do controlo contínuo (sistemas de realimentação em circuito fechado) e forneceu uma solução muito simplificada para funções de controlo complexas, em comparação com os sistemas electrónicos discretos existentes.

O controlo analógico baseia-se atualmente em grande medida em circuitos integrados lineares e continua a ser a forma mais rápida de controlo disponível.

No entanto, o ajuste fino dos sistemas de feedback durante o projeto e a colocação em funcionamento continua a ser uma tarefa difícil. Este facto, associado à natureza fixa da construção dos circuitos electrónicos, resulta num meio de controlo cuja função não pode ser facilmente alterada - o sistema eletrónico completo pode ter de ser substituído se tal for necessário.

4- Sistema de controlo por microprocessador

Atualmente, estão disponíveis micro e minicomputadores potentes e de baixo custo, que são frequentemente utilizados em sistemas de controlo sequencial e contínuo. Os painéis de controlo baseados em microprocessadores são suficientemente pequenos para serem colocados no (ou perto do) ponto de controlo final, simplificando os requisitos de ligação. Em grandes processos, é agora comum a utilização de vários microcontroladores em vez de um único computador de controlo de grande dimensão, com as consequentes vantagens em termos de desempenho, custo e fiabilidade. Cada micro pode fornecer um controlo local ótimo, bem como ser capaz de enviar ou receber dados de controlo através de outros microcontroladores ou de um computador de supervisão anfitrião (mini ou micro), o que se designa por controlo distribuído e permite uma maior sofisticação do controlo do que numa estratégia centralizada utilizando um único computador de grandes dimensões, uma vez que a função de controlo é dividida entre vários processadores dedicados.

Quadro 3.3 Comparação do PLC com outros sistemas de controlo

Characteristic	Relay system	Digital/Analog logic	microprocessor	PLC system
Price per function	Fairly low	Low	High	Low
Physical size	Bulky	Very compact	Fairly compact	Very compact
Operating Speed	Slow	Very fast	Fairly fast	Fast
Installation	Time-consuming design and install	Design and test t tuning time-consuming	Quite good	Good
Electrical noise immunity	Excellent	Good	extremely time-consuming	Simple to program and install
Capable of complicated operations	No	Yes	Yes	Yes
Ease of changing function	Very difficult	Difficult	Quite simple	Very simple
Ease of maintenance	Poor-large number of contacts	Poor if ICs soldered	Poor-several custom boards	Good-few standard cards

3.5   Programa de software

3.5.1 Estrutura física do PLC

Tabela 3.4 Operação de programação

Address	Push button for car 1
P0000	Push button for car 2
P0002	Push button for car 3
P0004	Push button for car 3
P0006	Push button for car 4
P0008	Push button for car 5
P000A	Push button for car 6
P0001	Sensor 1 for car 1
P0003	Sensor 2 for car 2
P0005	Sensor 3 for car 3
P0007	Sensor 4 for car 4
P0009	Sensor 5 for car 5
P000B	Sensor 6 for car 6
P000C	Park button
P000D	STOP button
M0000	Marker 1
M0001	Marker 2
M0002	Marker 3
M0003	Marker 4
M0004	Marker 5
M0005	Marker 6
M0006	Marker 7
M0007	Marker 8
M000A	Marker 9

M000B	Marker 10
M000C	Marker 11
M000D	Marker 12
M000E	Marker 13
M000F	Marker 14
P0040	Motor
p0041	Indicator lamp for car 1
p0042	Indicator lamp for car 2
p0043	Indicator lamp for car 3
p0044	Indicator lamp for car 4
p0045	Indicator lamp for car 5
p0046	Indicator lamp for car 6
p0047	Parking is full

3.5.2 Diagrama de escada

Rede 1

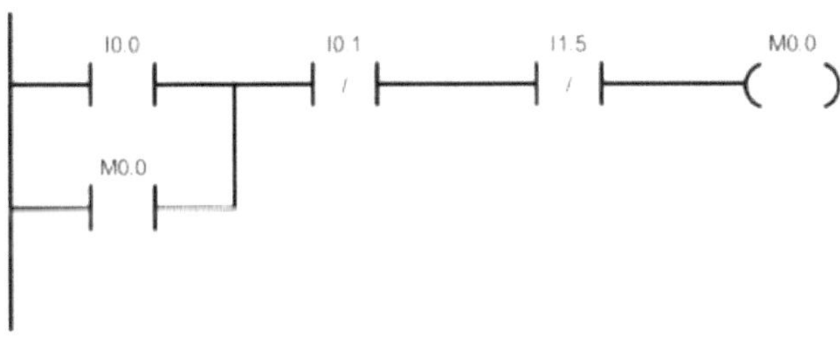

Quando se chama o número do carro (ex: botão de pressão do carro) o marcador é
ligado (o sinal é um). O marcador faz com que o motor do relé funcione e o motor
continua a trabalhar até que o sensor do carro detecte o movimento e desligue o
trinco do marcador, fazendo com que o motor pare e o carro fique ao nível do chão, e
este passo ocorre para cada carro ligado.

Rede 2

Há muitos marcadores ligados em paralelo, como mostra a figura (3.20), cada marcador está

relacionado com um carro, e estes marcadores fazem funcionar o motor do relé.

Rede 3

Este primeiro passo mostra como funciona o botão de estacionamento depois de o premir. O seu

interrutor acende a luz de indicação para indicar que este lugar do carro está ocupado. O segundo

passo para o marcador de loja na sequência de controlo, de modo a nunca parar ao nível do solo

enquanto este lugar do carro ainda estiver ocupado.

Rede 4

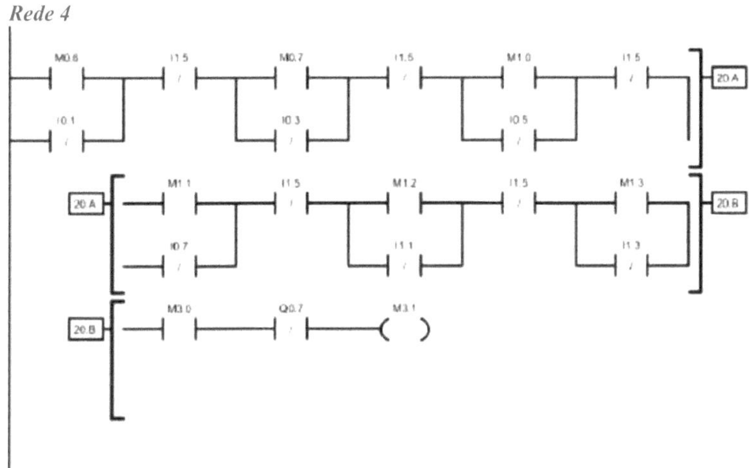

Esta rede, mostrada na figura (3.22), é uma sequência de controlo em ligação série-paralela que
decide quando o motor do relé é ligado ou desligado. O marcador armazenado faz com que o sinal
passe independentemente do sinal do sensor. Se o marcador (sinal zero) e o contacto do sensor
forem abertos, o motor pára no lugar vazio.

Rede 5

Ao premir pela primeira vez o botão de estacionamento, o marcador faz com que a sequência de
controlo anterior funcione, sendo este o primeiro passo para garantir o funcionamento seguro do
motor de relé. Segunda rede: todos os contactos de saída da lâmpada de indicação ligados em série,

quando todos os contactos estiverem ligados, a lâmpada de ocupado acende-se para indicar que

todos os lugares de estacionamento estão ocupados.

3.5.3 Código Arduino

O seguinte código foi escrito para o Arduino para controlar o carro da grua

```
const int motor=11;
const int pb=13;
const int pb2=12;
const int pb3=8;
const int led0=2;
const int led1=3;
const int led2=4;
const int res=A0;
int i=0;
int val;
int val2;
int val3;
int order;

int fast;
void setup() {
// put your setup code here, to run once:
Serial.begin(9600);
pinMode(motor,OUTPUT);
pinMode(pb,INPUT);
pinMode(pb2,INPUT);
pinMode(pb3,INPUT);
pinMode(led0,OUTPUT);
pinMode(led1,OUTPUT);
pinMode(led2,OUTPUT);
}
void loop() {
// put your main code here, to run repeatedly:
val=digitalRead(pb);
order=Serial.read();
if(val==HIGH||order=='1')
{
for(i=255;i>0;i--)
{
analogWrite(motor,i);
delay(20);
```

```
analogWrite(led1,i);
delay(20);
digitalWrite(led0,LOW);
}
}
val2=digitalRead(pb2);
if(val2==HIGH||order=='2')
{
while(1){
fast=analogRead(res);
fast=map(fast,0,1024,0,255);
analogWrite(motor,fast);
val3=digitalRead(pb3);
order=Serial.read();
digitalWrite(led2,HIGH);
digitalWrite(led0,LOW);
if(val3==HIGH||order=='0'){
digitalWrite(led0,HIGH);
digitalWrite(led2,LOW);
digitalWrite(led2,LOW);
delay(1000);
break;
}
}
}
}
```

CAPÍTULO 4

Conceção eléctrica e mecânica:

4.1 Conceção do circuito elétrico :

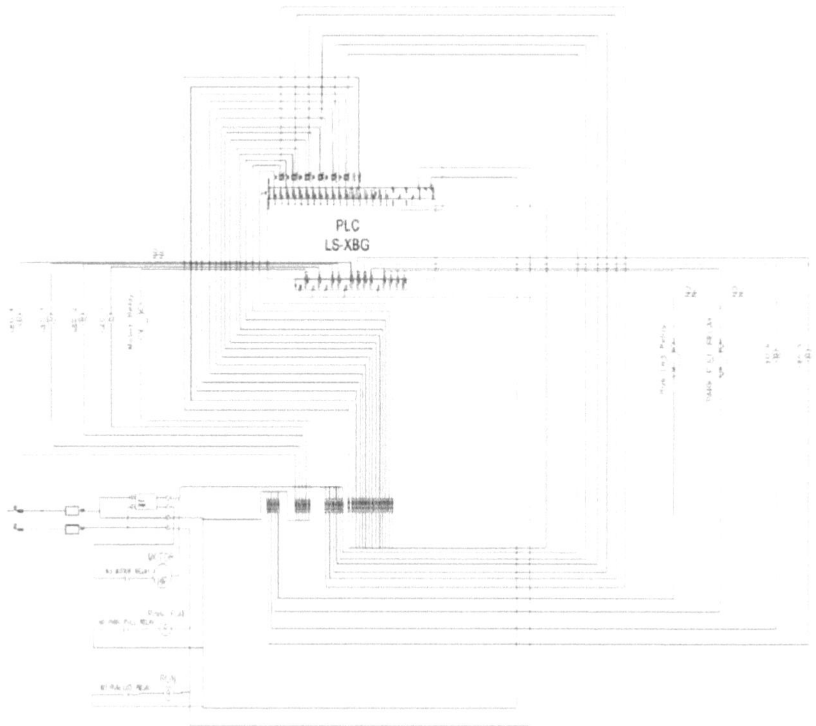

4.1.1 Painel de controlo:

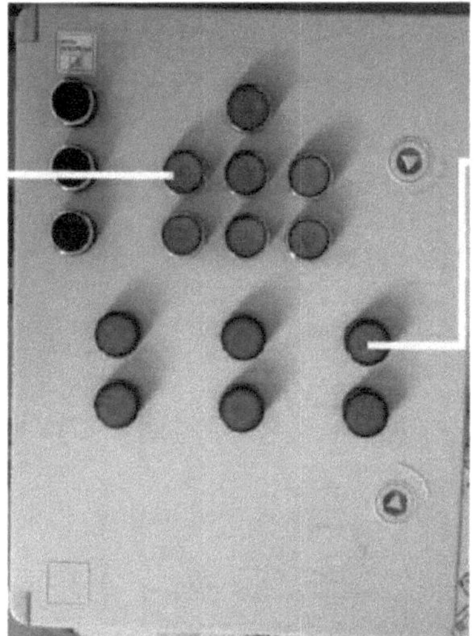

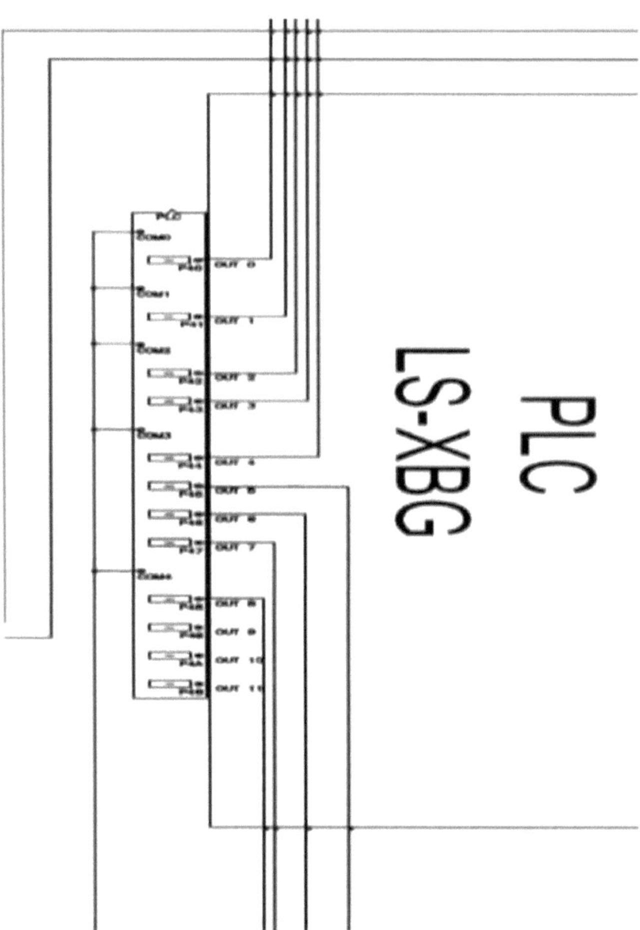

Os circuitos, tal como se mostra na figura (4.3), são constituídos por

- 6 luz de indicação (azul).
- 1 luz de presença plena (vermelha).
- 1 motor de relé.

4.1.3   Circuito de entradas do PLC:

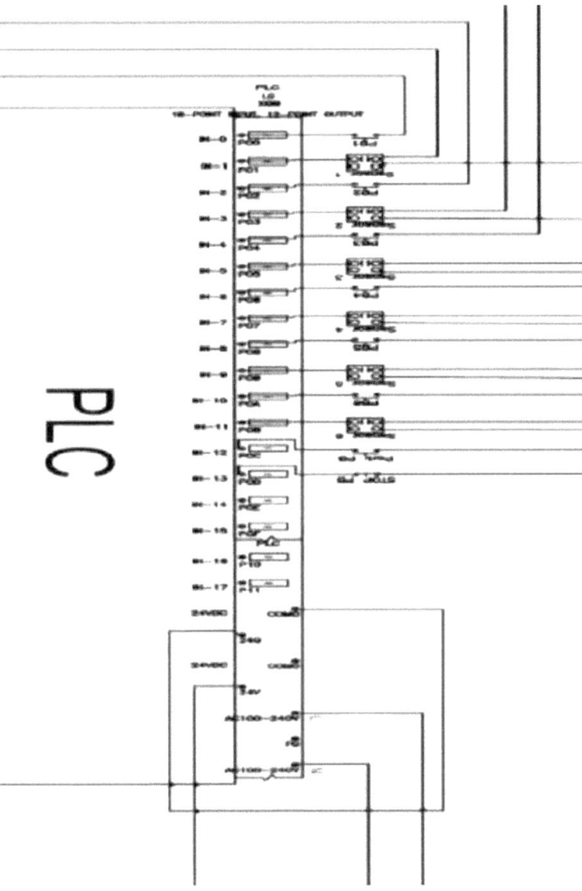

Os circuitos, tal como se mostra na figura (4.4), são constituídos por

- 7 Botões de pressão (normalmente abertos).
- 1 Botão de pressão (normalmente fechado)
- 6 Sensor aproximado (PNP).

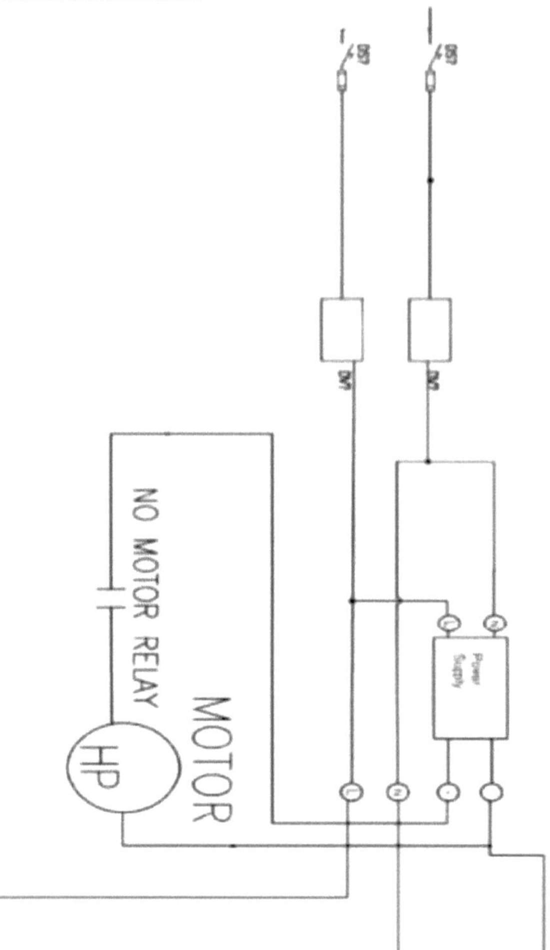

NO MOTOR RELAY
MOTOR
HP
Power Supply

4.2 conceção mecânica:

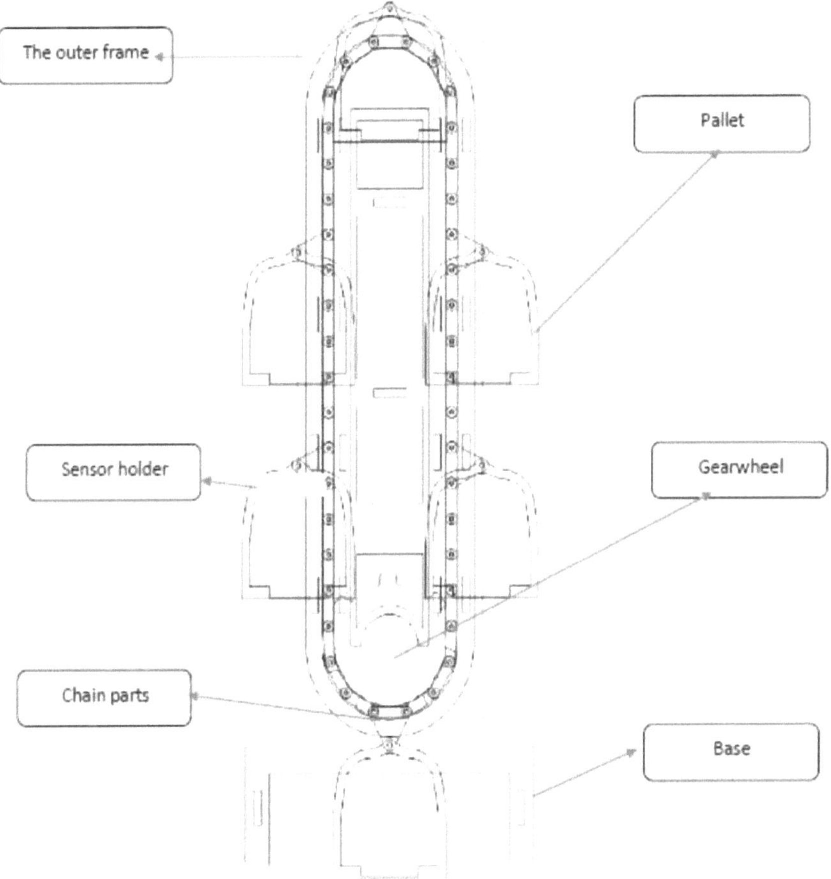

Desenho de engenharia do projeto final com a descrição dos elementos de conceção mecânica, como mostra a figura (3.1).

4.2.1 A moldura exterior :

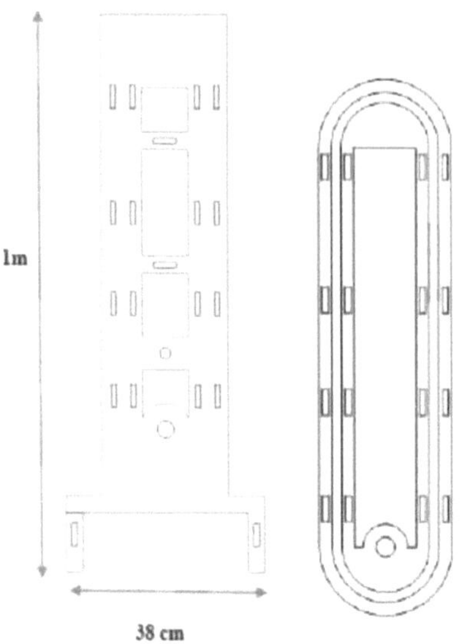

A armação exterior, tal como se mostra na figura (4.7), é feita de madeira para a tornar estável no

solo.

4.2.2 Eixo do motor :

As peças do eixo do motor, como se mostra na figura (4.8), são feitas de acrílico com um diâmetro
de 2,5

cm utilizado para fazer a interface entre o veio do motor e a roda dentada, como mostra a figura
(4.9).

4.2.3 Roda dentada:

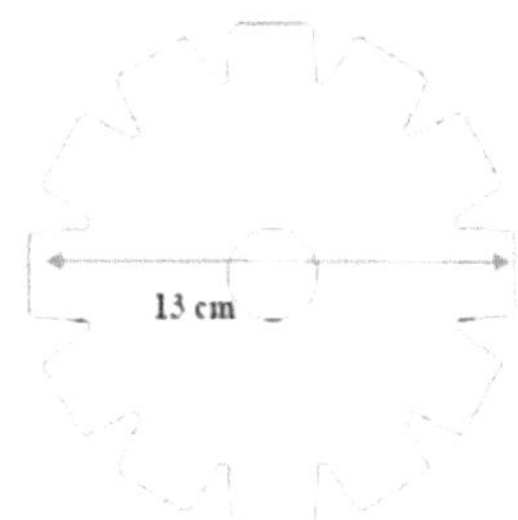

Roda dentada de acrílico acoplada ao eixo do motor para acionar a corrente, como mostra a figura

(4-10)

4.2.4 Peças da corrente :

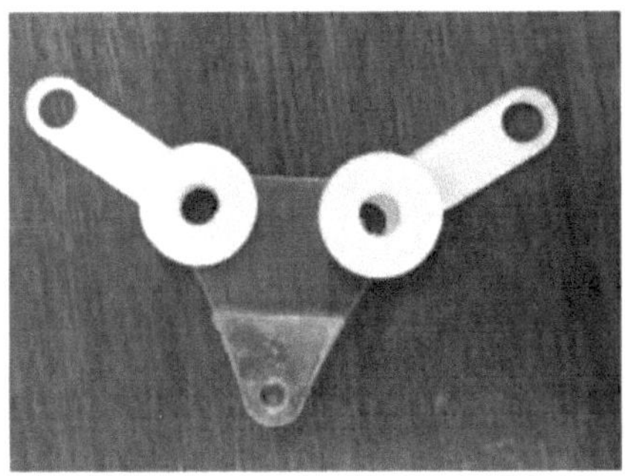

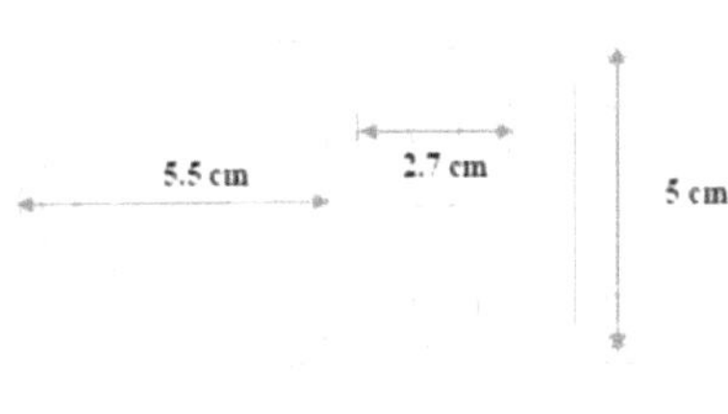

As peças da corrente, como se mostra na figura (4.10), foram fabricadas localmente, cada peça

separadamente e depois montadas manualmente para tornar o processo de rotação muito simples e

suave

4.2.5 Palete:

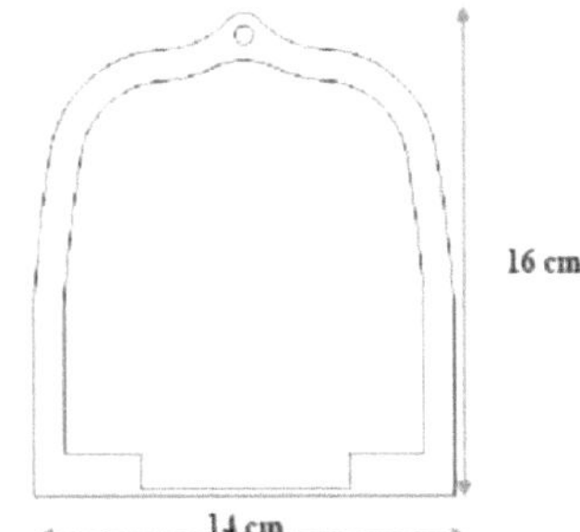

O transporte de automóveis em madeira é a função da palete e foi concebido para transportar automóveis de grande peso e dimensão.

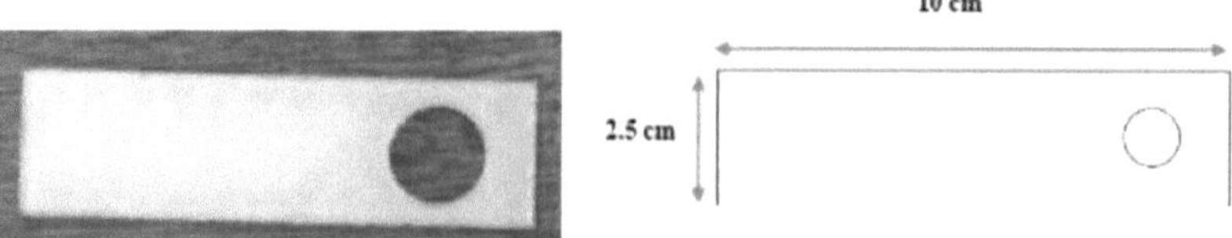

O suporte do sensor, tal como indicado na figura (4.12), é utilizado para manter o sensor indutivo

numa posição adequada.

O suporte do motor, como indicado na figura (4.13), é utilizado para transportar o motor numa
posição adequada.

Apêndice B (Peças para gruas) :

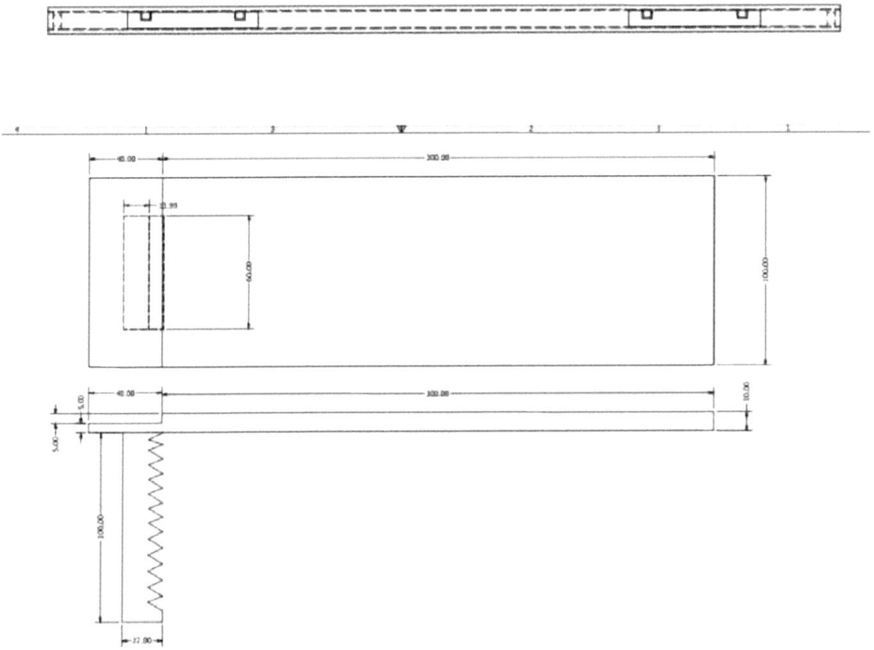

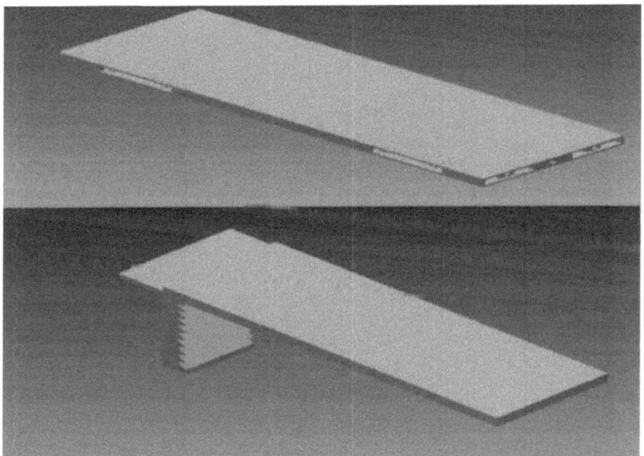

Conclusão:

Escolhi conceber e fabricar um sistema de estacionamento rotativo devido ao sentimento de responsabilidade para com o seu país, uma vez que este tipo de estacionamento ajudará muito a resolver o problema do engarrafamento no Egipto ou em qualquer outro país. Fazer um protótipo de um sistema de estacionamento rotativo como projeto de licenciatura foi uma questão muito útil que me ajudou a praticar todas as matérias que estudei no departamento de energia eléctrica e controlo. Desde a conceção de estruturas mecânicas e seleção de rolamentos, passando por circuitos eléctricos até chegar ao processo de controlo.

Printed by Books on Demand GmbH, Norderstedt / Germany